序

近年來，銀行員工挪用客戶帳戶資金的欺詐案件屢見不鮮，監理機構已發布理專十誡，並彙整各種已經發生過問題的異常樣態，金融機構有必要掌握最新的人工智能稽核技術，以將事後稽核提升至事前防範和預測層面。只有通過改變傳統且無效的稽核方式，方能落實內控三道防線，通過自動化的稽核流程、數據分析和人工智能技術，金融機構可以實現法遵科技 (RegTech)，確保遵循消費者保護等相關法令。

機器學習(Machine Learning)使得事前稽核成為可能，但撰寫或調整人工智慧演算法對大多數人而言仍很困難，因此需要簡單易用的工具來輔助。GRC(治理、風險管理與法規遵循)相關從業人員，需要開始學習新的科技技術，不能僅仰賴資訊人員，國際電腦稽核教育協會(ICAEA)強調:「熟練一套 CAATs 工具與學習查核方法，來面對新的電子化營運環境的內稽內控挑戰，才是正道」。

本教材旨在介紹如何有效地稽核銀行員工挪用客戶帳戶資金的情況。從基礎電腦稽核技巧應用，到進階機器學習預測性稽核，以實務案例上機演練為主，深入淺出，讓學員了解如何在稽核領域有效運用機器學習等 AI 技術。講義中提供完整實例演練資料，並可申請取得 AI 稽核軟體 JCAATs 教育版，學員可透過簡單的指令，應用內建的機器學習演算法，實現風險預測性稽核。

歡迎會計師、內部稽核、法遵、風控等各階管理者共同參與學習，提前預警與降低各項風險。

JACKSOFT 傑克商業自動化股份有限公司

黃秀鳳總經理

2023/08/14

電腦稽核專業人員十誡

　　ICAEA 所訂的電腦稽核專業人員的倫理規範與實務守則，以實務應用與簡易了解為準則，一般又稱為『電腦稽核專業人員十誡』。 其十項實務原則說明如下：

1. 願意承擔自己的電腦稽核工作的全部責任。
2. 對專業工作上所獲得的任何機密資訊應要確保其隱私與保密。
3. 對進行中或未來即將進行的電腦稽核工作應要確保自己具備有足夠的專業資格。
4. 對進行中或未來即將進行的電腦稽核工作應要確保自己使用專業適當的方法在進行。
5. 對所開發完成或修改的電腦稽核程式應要盡可能的符合最高的專業開發標準。
6. 應要確保自己專業判斷的完整性和獨立性。
7. 禁止進行或協助任何貪腐、賄賂或其他不正當財務欺騙性行為。
8. 應積極參與終身學習來發展自己的電腦稽核專業能力。
9. 應協助相關稽核小組成員的電腦稽核專業發展，以使整個團隊可以產生更佳的稽核效果與效率。
10. 應對社會大眾宣揚電腦稽核專業的價值與對公眾的利益。

目錄

電腦稽核實務個案演練
金融AI稽核
-行員挪用客戶帳戶資金預測查核

傑克商業自動化股份有限公司

JACKSOFT為經濟部能量登錄電腦稽核與GRC(治理、風險管理與法規遵循)專業輔導機構，服務品質有保障

舞弊三角形

(Why good people do the wrong thing)

動機與壓力　Pressure (Real or Perceived)

機會
Opportunities, Consequences,
and Likelihood of Detection
(Real or Perceived)

Rationalization
行為合理化

舞弊三角形

舞弊行為重複性

2

理專十誡查核實務要點

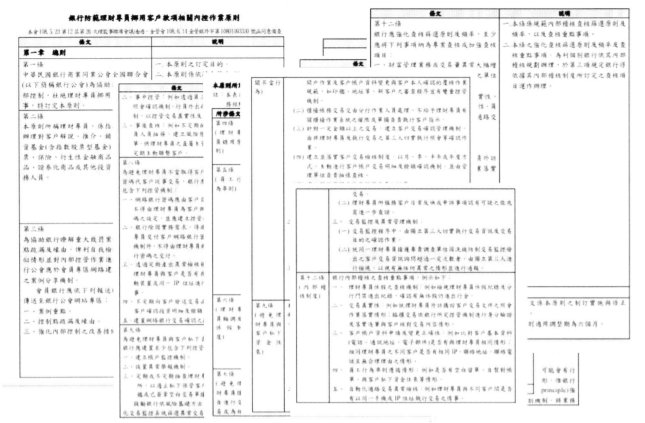

資料來源:金管銀外字第10801093330號

理專搬走9客戶8447萬 逾半受害者是銀髮族

2022/7/26 20:06（7/26 20:29 更新）

https://www.youtube.com/watch?v=gFMQCW2qXvU

多家銀行爆發理專挪用客戶資金

TVBS新聞台 HD

爆發理專A錢

【十點不一樣】10家銀行理專爆發A錢案　異常資金超過3億

爆發理專A錢
理專挪用資金、盜領 ▶ 10家銀行
金管會開罰 ▶ 8家
總計罰款 ▶ 5100萬

台北　記者 詹舒涵
挪用客
跟上時事

TVBS NEWS

台北　記者 詹舒涵
累計的罰款金額達到5100萬元

https://www.youtube.com/watch?v=CKHEIoQcNZw&feature=emb_logo

理專A錢 金管會擬究責高層

I 高明輝 郭良怡 2022.03.21

近年理專盜領層出不窮，金管會擬祭出歐美國家制度來精進高階經理人員考核人員

銀行理專A錢盜領客戶錢案件層出不窮，金管會主委黃天牧頒「專案報告」，報告揭示，金管會為精進監理將從「建立誠」手。

金管會表示，將參考歐美國家制度來精進高階經理人員考核機

儘管金管會已祭出理專十誡、理專十誡2.0，但近五年理專盜年遭罰四件，罰鍰金額為1,900萬元；2018年兩件、罰鍰1,7,200萬元；2021年四件，合計罰鍰5,000萬元。

金管會報告揭示，目前金管會從公司治理來下手，除要求董查，督導子公司建立內部控制及稽核制度並確實執行，落實善盡管理義務，將予導正，並對該公司應負責責之人子以懲查

疑似理財專員挪用 客戶款項之態樣

本會110.4.29第13屆第13次理監事聯席會議通過，金管110.7.26金管銀外字第1100211711號函同意備查

壹、說明：

一、銀行應參考下列態樣，並依本身業務特性及風險，選擇或自行發展契合銀行本身之態樣，以辨識出可能為理財專員挪用客戶款項之情形。

二、銀行對於符合理財專員挪用客戶款項態樣之行為或交易，應指定獨立單位或人員進行調查，並得由督導該理財專員之單位或主管先行協助提供、檢視相關資料，或現場觀察是否異常，或進行訪談。
如屬現場發現或檢舉之態樣，由督導該理財專員之單位或主管先行瞭解判斷，顯有具體時應通知獨立單位或人員進行調查。
所稱獨立單位或人員，係指獨立於理財專員業績以外之總行單位或人員，該等人員每年應接受相關訓練。
銀行法令遵循單位、防制洗錢及打擊資恐專責單位或風險控管單位，應負責督導前述相關調查程序之規劃、管理及執行，並負相關督導責任。

貳、參考態樣：

一、資金往來類
　(一)理財專員與其所屬客戶間有私人借貸關係者。
　(二)理財專員與其所屬客戶帳戶間有資金往來者。
　(三)理財專員所屬客戶單筆於一定期間自帳戶轉出至非本人帳戶或提領現金達一定金額以上者。
　(四)同一理財專員所屬不同客戶於一定期間轉帳或匯款至自行或他行同一受款人姓名或同一帳號，且達一定金額以上者。
　(五)理財專員及其所屬客戶單筆或於一定期間之轉帳交易(排除繳費、自動扣款等無疑慮交易)，有轉入本行帳號皆相同之情事，且達一定金額以上者。
　(六)理財專員所屬客戶帳戶與本行第三人帳戶間單筆或於一定期間之資金往來達一定金額以上，且前述本行第三人帳戶與理財專員間單筆或於一定期間之資金往來亦達一定金額以上者。

二、關聯帳戶類
　(一)同一理財專員所屬不同客戶留有相同手機號碼、通訊地址、電子郵件信箱，且於一定期間與銀行往來資產總額(AUM)減少達一定比例或一定金額者。

法遵科技應用範疇

外部法遵:
- 政府規定: SOX, FCPA, OFAC....
- 產業規定: HIPAA, PCI DDS, Dodd Frank,
  OMB A-123, AML....

內部治理:
- ITGC, ISO, COBIT, COSO......

Policy Attestation	**FCPA Compliance**	**Whistle Blower or Incident Hotline**
Whodunnit, who didn't? Centrally track attestation of corporate policies to assess your workforce's compliance with annual policy and training.	Don't get bitten by the FCPA	Build a better whistle. A cornerstone of sound ethics and risk management
Contract Compliance	**Export Compliance**	**Regulatory Compliance**
Take control now! Centrally manage contracts for the very best practice in oversight.	If you're global and you know it...protect yourself from embarrassing export risks.	Are 29,000+ regulatory changes per year keeping you up at night? Confidently manage impact and update your business.
Banking & Insurance Compliance	**Conduct Risk Management**	**AML Compliance**
Take the devil out of the details. Manage your financial services regulatory obligations.	Regulators want proof of conduct assurance. Paint them a pretty picture	Keep the regulators out of your laundry.

近年來透過資料分析技術(CAATs)來達成內外法遵的要求有明顯的提高趨勢。　　　　　　--- ICAEA

7

法遵科技的應用

如何執行有效的調查

反貪腐白皮書

8

相關作業法規遵循

法規名稱：　中華民國銀行公會金融機構開戶作業審核程序暨異常帳戶風險控管之作業 範本

修正時間：　中華民國105年2月19日

所有條文　編 章 節　**條文檢索**　**歷史沿革**　**相關令函**　相關判解　**制定依據**　附屬法規

🔍 所有條文　　　　　　　　　　　　　　　　　🖨 友善列印　　↩ 回上一頁

第一條　　　　　　第四條

為提升金融機構　金融機構受理客戶開立存款帳戶，如有本辦法第十三條所列情形，應拒絕
防杜異常帳戶　客戶之開戶申請。
其疑似不法或
及相關規定訂

　　　　　　　　第五條

金融機構辦理存款帳戶應建立事後追蹤管理機制，並應依下列方式辦理：
一、對採用委託開戶或開戶後發現可疑之客戶，應以電話、書面或實地查
　　詢等方式再確認，並做適當處理。
二、對新開立或久未往來帳戶應加強監控。
三、應利用資訊系統，輔助發現可疑交易，並依據本辦法第十六條辦理。

9

存款帳戶及其疑似不法或顯屬異常交易管理辦法(103.08.20金管銀法字第10310004610號令修正)🔖

第 4 條　　本辦法所稱疑似不法或顯屬異常交易存款帳戶之認定標準及分類如下：
　　　　　一、第一類：
　　　　　（一）屬偽冒開戶者。
　　　　　（二）屬警示帳戶者。
　　　　　（三）屬衍生管制帳戶者。
　　　　　二、第二類：
　　　　　（一）短期間內頻繁申請開立存款帳戶，且無法提出合理說明者。
　　　　　（二）客戶申請之交易功能與其年齡或背景顯不相當者。
　　　　　（三）客戶提供之聯絡資料均無法以合理之方式查證者。
　　　　　（四）存款帳戶經金融機構或民眾通知，疑為犯罪行為人使用者。
　　　　　（五）存款帳戶內常有多筆小額轉出入交易，近似測試行為者。
　　　　　（六）短期間內密集使用銀行之電子服務或設備，與客戶日常交易習慣明
　　　　　　　　顯不符者。
　　　　　（七）存款帳戶久未往來，突有異常交易者。
　　　　　（八）符合銀行防制洗錢注意事項範本所列疑似洗錢表徵之交易者。
　　　　　（九）其他經主管機關或銀行認定為疑似不法或顯屬異常交易之存款帳戶

10

久未往來帳戶與洗錢防制法的關係

附錄　疑似洗錢或資恐交易態樣

金融監督管理委員會 106 年 6 月 28 日
金管銀法字第 10610003210 號函准予備查

一、產品/服務─存提匯款類

（一）同一帳戶在一定期間內之現金存、提款交易，分別累計達特定金額以上者。

（二）同一客戶在一定期間內，於其帳戶辦理多筆現金存、提款交易，分別累計達特定金額以上者。

（三）同一客戶在一定期間內以每筆略低於一定金額通貨交易申報門檻之現金辦理存、提款，分別累計達特定金額以上者。

（四）客戶突有達特定金額以上存款者（如將多張本票、支票存入同一帳戶）。

（五）不活躍帳戶突有達特定金額以上資金出入，且又迅速移轉者。

（六）客戶開戶後立即有達特定金額以上款項存、匯入，且又迅速移轉者。

（七）存款帳戶密集存入多筆款項達特定金額以上或筆數達一定數量以上，且又迅速移轉者。

（八）客戶經常於數個不同客戶帳戶間移轉資金達特定金額以上者。

（九）客戶經常以提現為名、轉帳為實方式處理有關交易流程者。

（十）客戶每筆存、提金額相當且相距時間不久，並達特定金額以上者。

（十一）客戶經常代理他人存、提，或特定帳戶經常由第三人存、提現金

11

銀行業的 Fraud Detection

This e-book is focused on using data analytics to implement a successful fraud program, including key considerations and techniques for DETECTING FRAUD with a number of examples that you can apply in your organization.

Banking/Financial Services – 298 Cases		
Scheme	Number of Cases	Percent of Cases
Corruption	101	33.9%
Cash on Hand	64	21.5%
Billing	37	12.4%
Check Tampering	35	11.7%
Non-Cash	33	11.1%
Skimming	32	10.7%
Larceny	29	9.7%
Expense Reimbursements	20	6.7%
Financial Statement Fraud	16	5.4%
Payroll	9	3.0%
Register Disbursements	8	2.7%

銀行業各類Fraud的發生風險

Larceny 竊盜

- Identify customer account takeover.
- Identify co-opted customer account information.
- Locate number of loans by customer or bank employee without repayments.
- Find loan amounts greater than the value of specified item or collateral.
- Highlight sudden activity in dormant customer accounts – identify who is processing transactions against these accounts.
- Isolate mortgage fraud schemes – identify "straw buyer" scheme indicators.

Financial Statement Fraud 財報不實

- Monitor dormant and suspense General Ledger accounts.
- Identify Journal Entries at suspicious times.

久未往來帳戶查核監控
可降低 FRAUD風險

12

各銀行之久未往來帳戶定義?

各銀行轉入靜止戶門檻概況

活期存款	活期儲蓄	主要銀行
未達1萬元	未達1萬元	中國信託、台新銀、元大銀、永豐銀、玉山銀、遠東銀、萬泰銀、台中銀、京城銀、陽信銀
未達1萬元	未達5000元	土銀、國泰世華銀、日盛銀、華泰銀、三信銀、農業金庫
未達5000元	未達5000元	大台北銀行
未達5000元	未達1000元	第一銀行
未達1000元	未達1000元	台灣銀行、彰化銀行、高雄銀、台企銀
未達500元	未達500元	華南銀
未達500元	未達100元	合作金庫、新光銀、板信銀、聯邦銀、安泰銀
未達100元	未達100元	台北富邦銀、兆豐銀
不設金額、但有年限		滙豐銀、郵局、大眾銀

註:上述銀行存戶,還須有一定期間(1~5年)沒往來,才會轉入靜止戶;上海商銀不設靜止戶

資料來源: 2012/07 銀行公會　　13

久未往來帳戶查核十大步驟

1. 取得久未往來帳戶清單
2. 判別帳戶被歸類為久未往來帳戶後是否還有交易活動
3. 若久未往來帳戶有交易活動,則追蹤存款與提款類別的交易
4. 確認這些交易已有久未往來帳戶的客戶簽名
5. 確認久未往來帳戶恢復往來的原因
6. 確認有向久未往來帳戶收取每月服務費
7. 追蹤恢復往來的久未往來帳戶交易資料以及久未往來帳戶狀態變更的授權
8. 確認訂定檢核久未往來帳戶的管理政策與落實政策
9. 寄送確認信
   - 主動確認通知所有久未往來帳戶客戶,確認其有收到存入帳戶的存款(洗錢防制)
   - 主動確認通知久未往來帳戶客戶,其帳戶狀態已轉為恢復往來帳戶
   - 主動確認通知客戶其帳戶狀態被轉為久未往來帳戶
10. 確保適當維護與控管久未往來帳戶印鑑卡(Signature cards)資料

資料來源:bankersonline　　14

電腦輔助稽核技術(CAATs)

- **稽核人員角度**所設計的通用稽核軟體，有別於以資訊或統計背景所開發的軟體，以資料為基礎的Critical Thinking(批判式思考)，**強調分析方法論**而非僅工具使用技巧。

- 適用不同來源與各種資料格式之檔案匯入或系統資料庫連結，其特色是強調有科學依據的抽樣、資料勾稽與比對、檔案合併、日期計算、資料轉換與分析，**快速協助找出異常**。

- 由傳統大數據分析 往 AI人工智慧智能分析發展。

| C++語言開發
付費軟體
Diligent Ltd. | 以VB語言開發
付費軟體
CaseWare Ltd. | 以Python語言開發
免費軟體
美國楊百翰大學 | JCAATs 智能資料
分析輔助工具
以Python語言開發 |

15

JCAATs AI人工智慧功能

機器學習 & 人工智慧

| 離群分析 | 集群分析 | 學習 | 預測 | 趨勢分析 |

資料融合

- 多檔案一次匯入
- ODBC資料庫介接
- OPEN DATA 爬蟲
- 雲端服務連結器
- SAP ERP

文字探勘

- 模糊比對
- 模糊重複
- 關鍵字
- 文字雲
- 情緒分析

| 視覺化分析 | 資料驗證 | 勾稽比對 | 分析性複核 | 數據分析 |

大數據分析

*JACKSOFT為經濟部技術服務能量登錄AI人工智慧專業訓練機構
*JCAATs軟體並通過AI4人工智慧行業應用內部稽核與作業風險評估項目審核

16

JCAATs指令說明—彙總(Summarize)

彙總指令可以選擇多個欄位(文字、數值、日期等)成為關鍵欄位，進行分類計算。
列出欄位：是以該分類的第一筆資料來顯示。

關鍵欄位區

資料顯示選擇區

小計數值欄位選擇區

17

JCAATs指令說明—排序(Sort)

- 特定欄位排序後，產生新的資料表
- 結果資料表之格式會與原始資料表具有相同之記錄結構

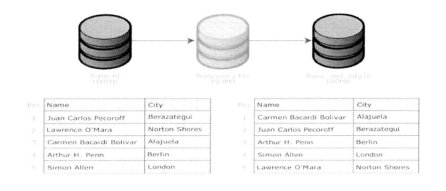

18

JCAATs指令說明—JOIN

在JCAATs系統中，提供使用者可以運用**比對(JOIN)** 指令，透過相同鍵值欄位結合兩個資料檔案進行比對，並產出成第三個比對後的資料表。

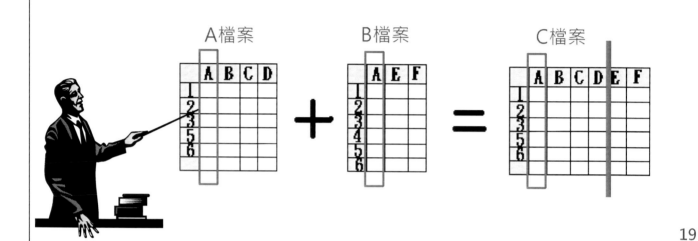

19

比對(Join)的六種分析模式

- ➢ 狀況一：保留對應成功的主表與次表之第一筆資料。
  (Matched Primary with the first Secondary)

- ➢ 狀況二：保留主表中所有資料與對應成功次表之第一筆資料。
  (Matched All Primary with the first Secondary)

- ➢ 狀況三：保留次表中所有資料與對應成功主表之第一筆資料。
  (Matched All Secondary with the first Primary)

- ➢ 狀況四：保留所有對應成功與未對應成功的主表與次表資料。
  (Matched All Primary and Secondary with the first)

- ➢ 狀況五：保留未對應成功的主表資料。
  (Unmatched Primary)

- ➢ 狀況六：保留對應成功的所有主次表資料
  (Many to Many)

20

比對 (Join)指令使用步驟

1. 決定比對之目的
2. 辨別比對兩個檔案資料表，主表與次表
3. 要比對檔案資料須屬於同一個JCAATS專案中。
4. 兩個檔案中需有共同特徵欄位/鍵值欄位
   (例如：員工編號、身份證號)。
5. 特徵欄位中的資料型態、長度需要一致。
6. 選擇比對(Join)類別：
   - A. Matched Primary with the first Secondary
   - B. Matched All Primary with the first Secondary
   - C. Matched All Secondary with the first Primary
   - D. Matched All Primary and Secondary with the first
   - E. Unmatched Primary
   - F. Many to Many

比對(Join)指令操作方法:

- 使用比對(Join)指令：
  1. 開啟比對Join對話框
  2. 選擇主表 (primary table)
  3. 選擇次表 (secondary table)
  4. 選擇主表與次表之關鍵欄位
  5. 選擇主表與次表要包括在結果資料表中之欄位
  6. 可使用篩選器(選擇性)
  7. 選擇比對(Join) 執行類型
  8. 給定比對結果資料表檔名

比對 Join – 條件設定

比對 Join – 輸出設定

比對(Join)練習基本功:

薪資檔

Empno	Cheque Amount
001	$1850
002	$2200
003	$1000
003	$1000

主要檔

員工檔

Empno	Pay Per Period
001	$1850
003	$2000
004	$1975
005	$2450

次要檔

⑤ Unmatched Primary

① Matched Primary with the first Secondary

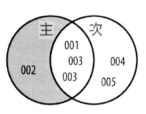

輸出檔

Empno	Cheque Amount
002	$2200

輸出檔

Empno	Cheque Amount	Pay Per Period
001	$1850	$1850
003	$1000	$2000
003	$1000	$2000

25

比對(Join)練習基本功:

薪資檔

Empno	Cheque Amount
001	$1850
002	$2200
003	$1000
003	$1000

主要檔

員工檔

Empno	Pay Per Period
001	$1850
003	$2000
004	$1975
005	$2450

次要檔

③ Matched All Secondary with the first Primary

② Matched All Primary with the first Secondary

輸出檔

Empno	Cheque Amount	Pay Per Period
001	$1850	$1850
003	$1000	$2000
003	$1000	$2000
004	$0	$1975
005	$0	$2450

輸出檔

Empno	Cheque Amount	Pay Per Period
001	$1850	$1850
002	$2200	$0
003	$1000	$2000
003	$1000	$2000

26

比對(Join)練習基本功:

主要檔　　　　　　　　　　　　次要檔

④ Matched All Primary and Secondary
with the first

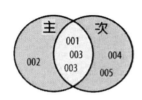

27

機器學習(Machine Learning)

» Supervised Learning (監督式學習)

要學習的資料內容已經包含有答案欄位，讓機器從中學習，找出來造成這些答案背後的可能知識。JCAATs在監督式學習模型提供有 **多元分類**(Classification) 法，包含 Decision tree、KNN、Logistic Regression、Random Forest和SVM等方法。

» Unsupervised Learning (非監督式學習)

要學習的資料內容並無已知的答案，機器要自己去歸納整理，然後從中學習到這些資料間的相關規律。在非監督式學習模型方面，JCAATs提供集群(Cluster)與離群(Outlier) 方法。

28

JCAATs 監督式機器學習指令

指令	學習類型	資料型態	功能說明	結果產出
Train 學習	監督式	文字 數值 邏輯	使用自動機器學習機制產出一預測模型。	**預測模型檔** (Window 上 *.jkm 檔) 3個在JCAATs上模型評估表和混沌矩陣圖
Predict 預測	監督式	文字 數值 邏輯	導入預測模型到一個資料表來進行預測產出目標欄位答案。	預測結果資料表 (JCAATs資料表)

JCAATs非監督式機器學習指令

指令	學習類型	資料型態	功能說明	結果產出
Cluster 集群	非監督式	數值	對數值欄位進行分組。分組的標準是值之間的相似或接近度。	結果資料表 (JCAATs資料表) 和資料分群圖
Outlier 離群	非監督式	數值	對數值欄位進行統計分析。以標準差值為基礎,超過幾倍數的標準差則為異常值。	結果資料表 (JCAATs資料表)

JCAATs-AI 稽核機器學習的作業流程

- 用戶決策模式的機器學習流程

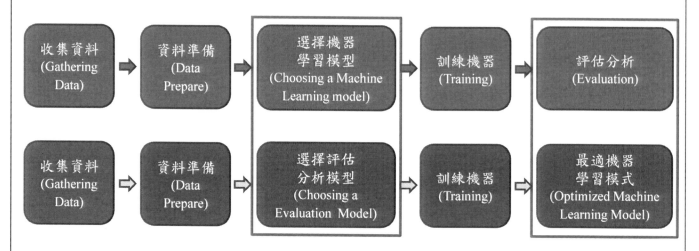

收集資料 (Gathering Data)	→	資料準備 (Data Prepare)	→	選擇機器 學習模型 (Choosing a Machine Learning model)	→	訓練機器 (Training)	→	評估分析 (Evaluation)
收集資料 (Gathering Data)	⇒	資料準備 (Data Prepare)	⇒	選擇評估 分析模型 (Choosing a Evaluation Model)	⇒	訓練機器 (Training)	⇒	最適機器 學習模式 (Optimized Machine Learning Model)

- 系統決策模式的機器學習流程

  **JCAATs提供二種機器學習決策模式，讓不同的人可以自行選擇使用方式。

31

JCAATs監督式機器學習指令: 學習(Train)和預測(Predict) 作業程序

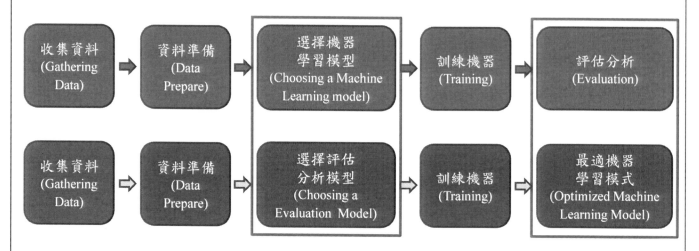

32

指令說明—學習(TRAIN)

- 透過彈性介面,開始進行分類的機器學習

指令說明—預測(PREDICT)

- 透過彈性介面,開始進行預測的機器學習模型。

AI智能稽核專案執行步驟

> 可透過JCAATs AI稽核軟體，有效完成專案，包含以下六個階段：

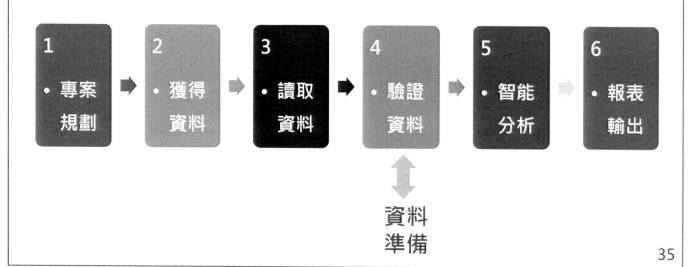

資料
準備

35

1. 專案規劃(客戶帳戶資金往來異常管理)

查核項目	銀行帳戶管理作業	存放檔名	客戶帳戶資金往來異常管理查核
查核目標	查核確認是否有客戶資金往來異常查核須深入追查者。		
查核說明	針對久未往來帳戶與其交易活動紀錄進行查核，檢核是否有須深入追查之異常帳戶交易紀錄。		
查核程式	(1) **客戶資金往來異常查核**– 依本行規定久未往來帳戶條件(過去一年未交易且帳戶金額小於100元)查核列出現有久未往來帳戶，並比對確認本行提供之久未往來帳戶資料正確性。 (2)**久未往來帳戶交易活動查核** – 依本行提供之久未往來帳戶清單，列出屬於久未往來狀態且過去一年內有交易活動的帳戶與交易紀錄。		
資料檔案	帳戶基本資料檔、存款交易明細檔		
所需欄位	請詳後附件明細表		

36

2.獲得資料

- 稽核部門可以寄發稽核通知單，通知受查單位準備之資料及格式。
- 檔案資料：
  - ☑ 帳戶基本資料檔.CSV
  - ☑ 存款交易明細檔.CSV
  - ☑ 員工基本資料檔.CSV

稽核通知單

受文者	ABC銀行　　　　資訊室
主旨	為進行銀行久未往來帳戶查核工作，請 貴單位提供相關檔案資料以利查核工作之進行。所需資訊如下說明。

說明

一、	本單位擬於民國XX年XX月XX日開始進行為期X天之例行性查核，為使查核工作順利進行，謹請在XX月XX日前 惠予提供XXXX年XX月XX日至XXXX年XX月XX日之久未往來帳戶查核相關明細檔案資料，如附件。
二、	依年度稽核計畫辦理。
三、	後附資料之提供，若擷取時有任何不甚明瞭之處敬祈隨時與稽核人員聯絡。

請提供檔案明細：

一、	帳戶基本資料檔、存款交易明細檔、員工基本資料檔，請提供包含欄位名稱且以逗號分隔的文字檔，並提供相關檔案格式說明(請詳附件)

稽核人員：John	稽核主管：Sherry

查核資料表:

存款交易明細檔 (Deposit_Account_Transactions)

開始欄位	長度	欄位名稱	意義	型態	備註
1	20	ACCOUNT_ID	帳戶編號	C	
21	16	DATE	交易日期	D	YYYYMMDD
37	24	CUR_BAL	目前帳戶餘額	N	
61	24	OPE_BAL	前期帳戶餘額	N	
85	12	TRANS_TYPE	交易類型	N	CREDIT / DEBIT
97	24	TRANS_VALUE	交易金額	N	
121	14	EPM_NO	負責行員	C	

- C：表示字串欄位　　　※資料筆數：275,999
- N：表示數值欄位
- D：表示日期欄位

帳戶基本資料檔 (Account_Holder_Master)

開始欄位	長度	欄位名稱	意義	型態	備註
1	20	ACCOUNT_ID	帳戶編號	C	
21	8	NAME	持有人姓名	C	
29	50	ADDRESS	持有人住址	C	
79	16	START_DATE	開戶日期	D	YYYYMMDD
95	2	DORMANT	是否為久未往來帳戶	C	是：Y / 否：N

- C：表示字串欄位　　　※資料筆數：63,602
- D：表示日期欄位

員工基本資料檔 (Emp_Master)

開始欄位	長度	欄位名稱	意義	型態	備註
1	14	EMP_NO	員工編號	C	
15	8	NAME	員工姓名	C	
23	16	HIRE_DATE	雇用日期	D	YYYYMMDD

- C：表示字串欄位　　※資料筆數：5,118
- N：表示數值欄位
- D：表示日期欄位

AI Audit Expert

實例上機演練一：
客戶帳戶管理正確性查核

以久未往來帳戶管理為例

客戶帳戶管理正確性查核 主要稽核步驟

Step 1：列出查核期間過去一年未交易
(2011/10/1~ 2012/10/31)之帳號資料

Step 2：列出所有帳戶最後一次交易日期的餘額

Step 3：勾稽 Step1 與Step 2資料，列出過去一年未交易且帳戶餘額小於100元之新久未往來帳戶資料檔

Step 4：比對新久未往來帳戶與現有久未往來帳戶資料，列出差異之帳戶資料檔

客戶帳戶管理正確性查核
主要稽核步驟流程圖

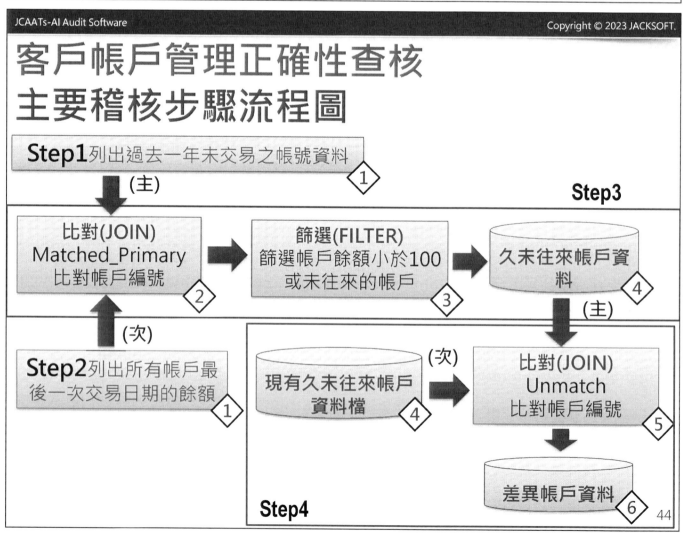

Step1：列出過去一年未交易之帳號資料檔流程圖

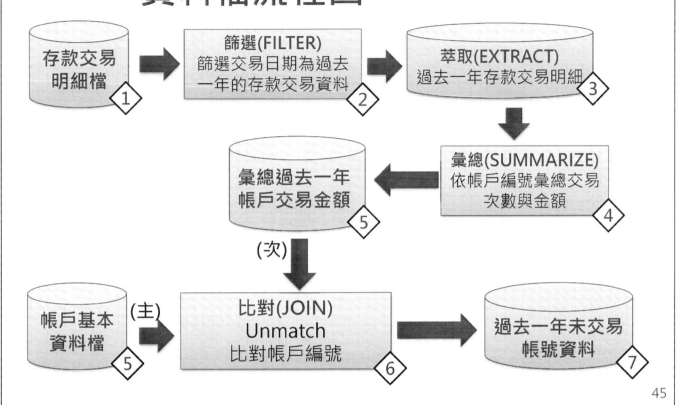

補充說明：.between()函式

在JCAATs系統中，若需要查找指定區間中的資料，便可使用.between( )指令完成，允許查核人員快速地於大量資料中，找出指定區間中的資料值的記錄，故可應用於篩選特定資料期間範圍的資料。語法: Field.between(min, max)

CUST_No	Date	Amount
795401	2019/08/20	-474.70
795401	2019/10/15	225.87
795401	2019/02/04	180.92
516372	2019/02/17	1,610.87
516372	2019/04/30	-1,298.43

CUST_No	Date	Amount
795401	2019/02/04	180.92
516372	2019/02/17	1,610.87

範例篩選: Date.between(date(2019-02-01), date(2019-02-28))

開啟存款交易明細檔，篩選(Filter)
過去一年存款交易明細

- 篩選器
- 選擇欄位: **DATE**
- 選擇函式: **.between()**
- 選擇運算子: **DATE** (選擇日期)

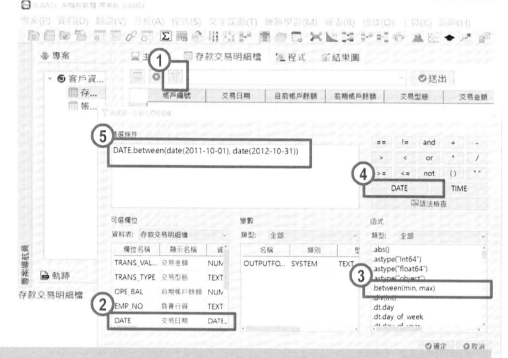

DATE.between(date(2011-10-01), date(2012-10-31))

47

篩選(Filter)出過去一年存款交易明細

共找出**231,336**筆

48

將結果萃取(Extract)出資料表

- 報表→萃取

JCAATs- AI稽核軟體 專業版 3.3.003

專案(P)　資料(D)　驗證(V)　分析(A)　程式(S)　文字探勘(T)　機器學習(M)　報表(R)　抽樣(O)　工具(K)　說明(H)

		萃取	Ctrl+E
		合併	
		匯出	
		圖表	

專案

- ✓ ⓖ 客戶資金往來異常...
  - 存款交易明細檔
  - 帳戶基本資料檔

主螢幕　　存款交易明細檔

DATE.between(da...　(2012-10-31))

	帳戶編號	交易日期	目前帳戶餘額	前期帳戶餘額	交易型態
44663	J000000180	2011-10-...	38331	19842	CREDIT
44664	J000000181	2011-10-...	127711	-5608	CREDIT
44665	J000000182	2011-10-...	130641	-24858	CREDIT
44666	J000000183	2011-10-...	81	-142728	DEBIT
44667	J000000185	2011-10-...	179021	110812	CREDIT
44668	J000000186	2011-10-...	59141	-318	CREDIT
44669	J000000187	2011-10-...	109731	78812	CREDIT
44670	J000000188	2011-10-...	5121	-83268	DEBIT

49

將結果萃取(Extract)出資料表

- 報表→萃取
- 萃取：
  全選

- 萃取→輸出設定
- 輸出結果：
  資料表
- 名稱：
  過去一年存款交易
  明細

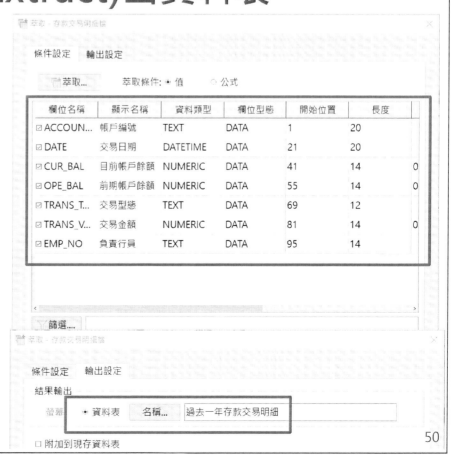

萃取 - 存款交易明細檔

條件設定　輸出設定

萃取...　　萃取條件: ● 值　○ 公式

欄位名稱	顯示名稱	資料類型	欄位型態	開始位置	長度	
☑ ACCOUN...	帳戶編號	TEXT	DATA	1	20	
☑ DATE	交易日期	DATETIME	DATA	21	20	
☑ CUR_BAL	目前帳戶餘額	NUMERIC	DATA	41	14	0
☑ OPE_BAL	前期帳戶餘額	NUMERIC	DATA	55	14	0
☑ TRANS_T...	交易型態	TEXT	DATA	69	12	
☑ TRANS_V...	交易金額	NUMERIC	DATA	81	14	0
☑ EMP_NO	負責行員	TEXT	DATA	95	14	

篩選...

萃取 - 存款交易明細檔

條件設定　輸出設定

結果輸出

螢幕　　● 資料表　名稱...　過去一年存款交易明細

☐ 附加到現存資料表

50

過去一年存款交易明細

彙總(Summarize)帳戶編號

■ 分析→彙總

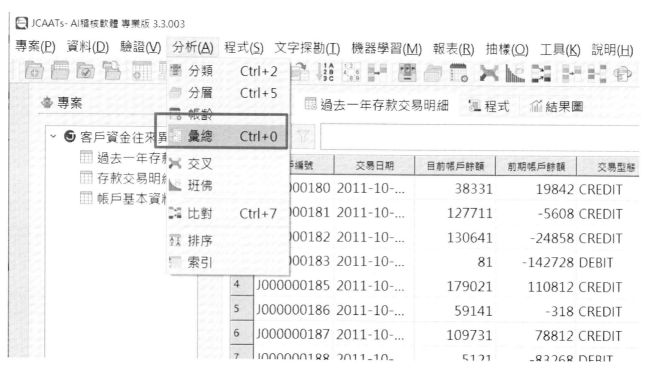

彙總(Summarize)帳戶編號

- 分析→彙總
- 彙總：
  帳戶編號
- 小計欄位：
  交易金額
- 列出欄位：
  不選取

- 彙總→輸出設定
- 輸出結果：
  資料表
- 名稱：
- 彙總過去一年帳戶交易金額

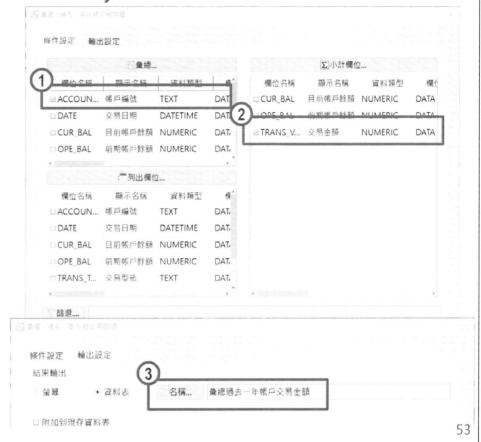

53

彙總過去一年帳戶交易金額

共46,280筆

54

比對(Join)出過去一年未交易之帳號

■ 開啟「帳戶基本資料檔」
■ 分析→比對

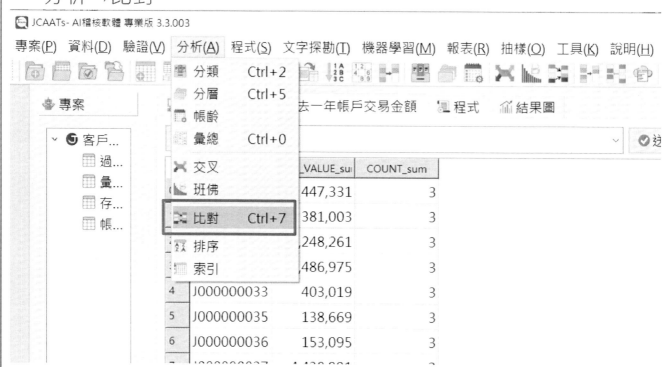

55

比對(Join)出過去一年未交易之帳號

■ 分析→比對

■ 主表：
帳戶基本資料
檔

■ 次表：
彙總過去一年
帳戶交易金額

■ 主表關鍵欄位：
帳戶名稱

■ 次表關鍵欄位：
帳戶編號

■ 主表顯示欄位：
全選

■ 次表顯示欄位：
全不選

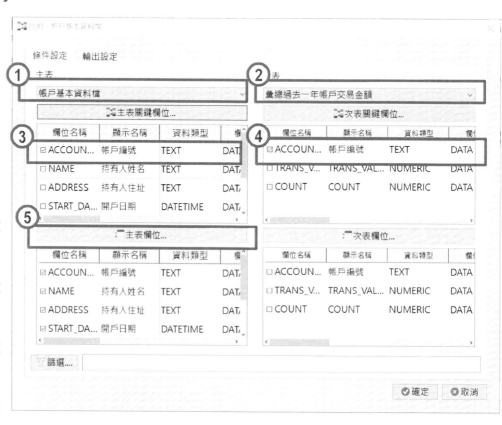

56

比對(Join)出過去一年未交易之帳號

- 比對→輸出設定
- 輸出結果：資料表
- 名稱：過去一年未交易之帳號資料
- 比對類型：**Unmatch Primary**

57

過去一年未交易之帳號資料

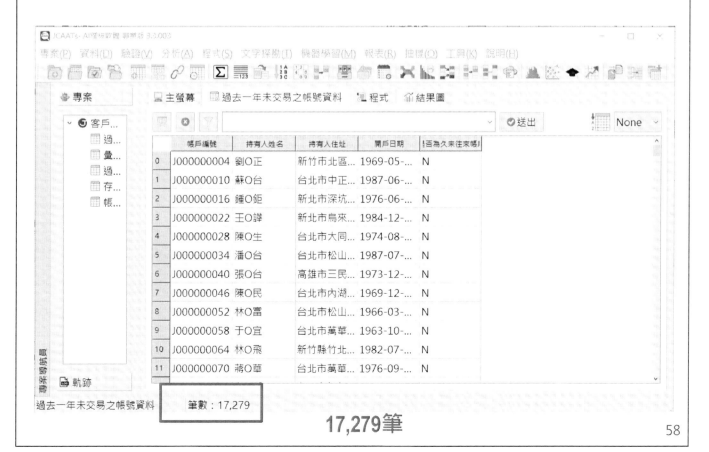

17,279筆

58

Step2：列出帳戶最後一次交易日期與餘額流程圖

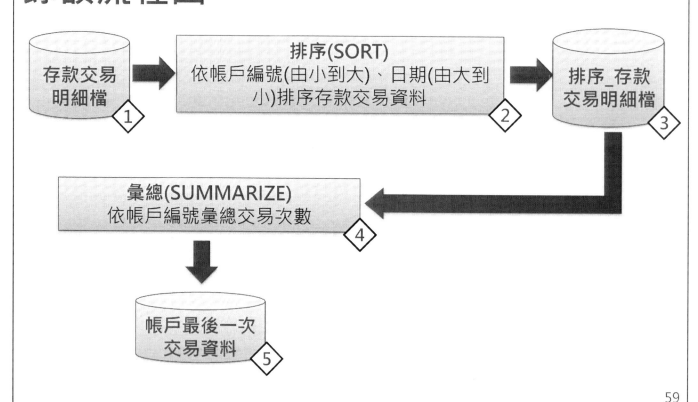

重新排序(Sort)存款交易明細檔

- 開啟「存款交易明細檔」
- 分析→排序

重新排序(Sort)存款交易明細檔

- 分析→排序
- 排序：
  帳戶編號(小→大)
  交易日期(大→小)
- 列出欄位：
  全選

- 排序→輸出設定
- 輸出結果：
  資料表
- 名稱：
  排序_存款交易明
  細檔

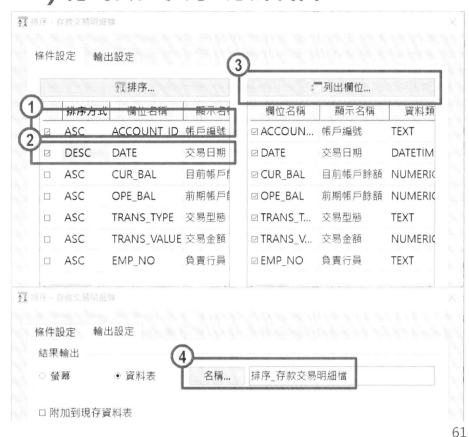

重新排序(Sort)存款交易明細檔

確認排序結果正確

彙總(Summarize)出帳戶最後一次交易

■ 分析→彙總

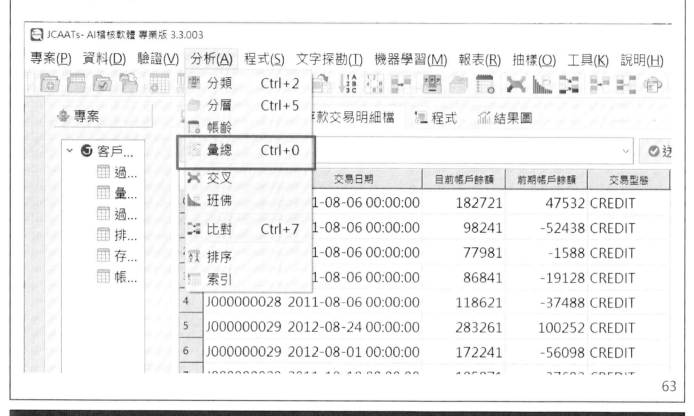

彙總(Summarize)出帳戶最後一次交易

■ 分析→彙總
■ 彙總：
帳戶編號
■ 小計欄位：
不選取
■ 列出欄位：
交易日期、
目前帳戶餘額

■ 彙總→輸出設定
■ 結果輸出：
資料表
■ 名稱：
帳戶最後一次交易資料

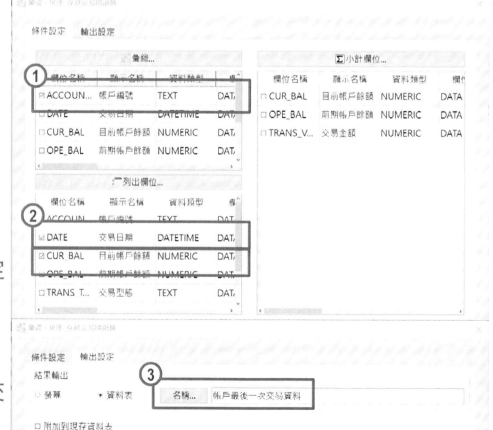

帳戶最後一次交易資料

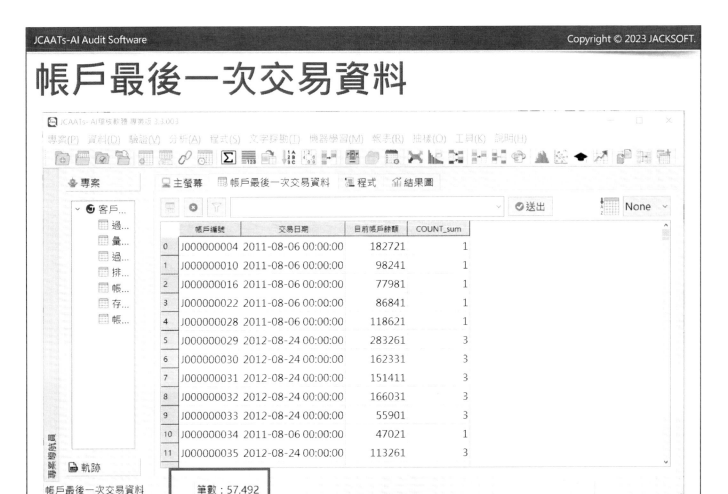

共57,492筆

65

Step3：比對 Step1 與Step 2資料，列出過去一年未交易且帳戶餘額小於100元之新久未往來帳戶資料檔流程圖

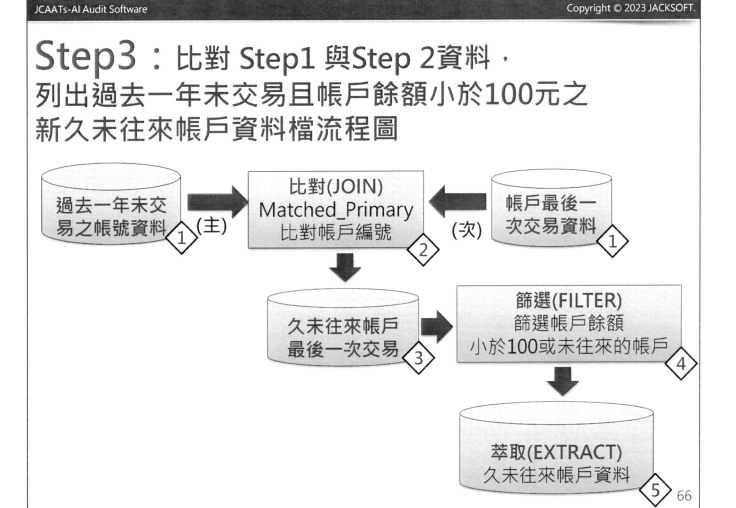

66

利用比對(Join)帳戶編號取得勾稽結果

- 開啟「過去一年未交易之帳號資料」
- 分析→比對

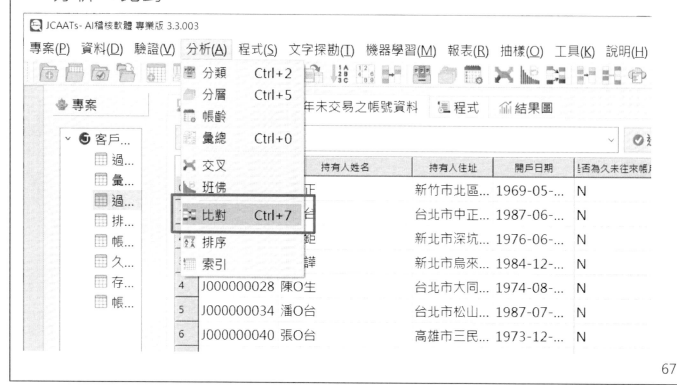

67

利用比對(Join)帳戶編號取得勾稽結果

- 分析→比對
- 主表：
  過去一年未交易
  之帳號資料
- 次表：
  帳戶最後一次
  交易資料
- 主表關鍵欄位：
  帳戶編號
- 次表關鍵欄位：
  帳戶編號
- 主表顯示欄位：
  全選
- 次表顯示欄位：
  交易日期、目前帳戶餘額

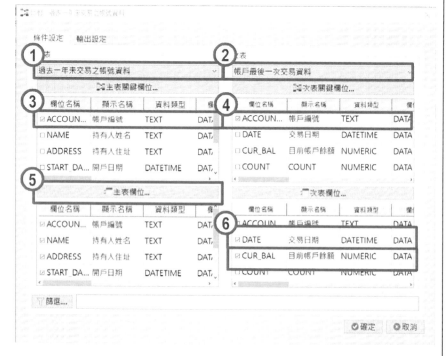

68

利用比對(Join)帳戶編號取得勾稽結果

- 比對→輸出設定
- 結果輸出：
  資料表
- 名稱：
  久未往來帳戶最後
  一次交易
- 比對類型：
  **Matched All
  Primary with the
  first Secondary**

69

久未往來帳戶最後一次交易

確認資料成功勾稽

70

補充說明：.isna()

在JCAATs系統中，若需要查找空值的資料，便可使用.isna( )指令完成，允許查核人員快速地於大量資料中，找出欄位內容為空的資料記錄，故可應用於檢核資料完整性和系統控制。
語法: Field.isna()

CUST_No	Date	Amount
795401	2019/08/20	-474.70
795402	2019/10/15	225.87
795403	2019/02/04	180.92
516372	NaT	1,610.87
516373	2019/04/30	-1,298.43

CUST_No	Date	Amount
516372	NaT	1,610.87

範例篩選: Date.isna()

71

篩選(Filter)出過去一年存款交易明細

- 篩選器
- 選擇欄位: DATE
- 選擇函式: .between()
  (最小值0 最大值100)
- 選擇運算子: or
- 選擇函式: .isna()

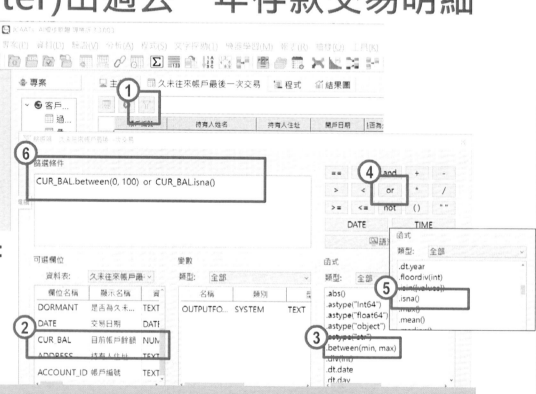

篩選條件
CUR_BAL.between(0, 100) or CUR_BAL.isna()

CUR_BAL.between(0, 100) or CUR_BAL.isna()

72

篩選(Filter)出過去一年存款交易明細

共找出**6,090**筆資料

73

萃取(Extract)久未往來帳戶資料

- 報表→萃取

74

萃取(Extract)久未往來帳戶資料

- 報表→萃取
- 萃取：
  全選

- 萃取→輸出設定
- 輸出結果：
  資料表
- 名稱：
  久未往來帳戶資
  料

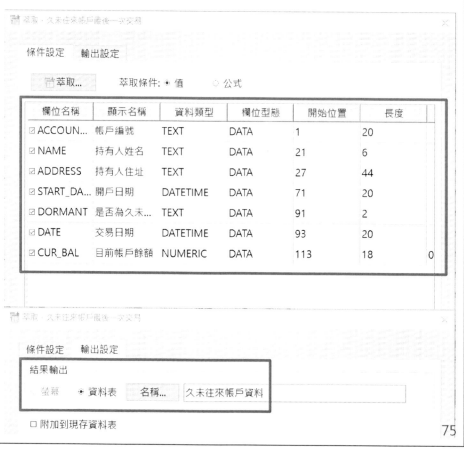

欄位名稱	顯示名稱	資料類型	欄位型態	開始位置	長度	
☑ ACCOUN...	帳戶編號	TEXT	DATA	1	20	
☑ NAME	持有人姓名	TEXT	DATA	21	6	
☑ ADDRESS	持有人住址	TEXT	DATA	27	44	
☑ START_DA...	開戶日期	DATETIME	DATA	71	20	
☑ DORMANT	是否為久未...	TEXT	DATA	91	2	
☑ DATE	交易日期	DATETIME	DATA	93	20	
☑ CUR_BAL	目前帳戶餘額	NUMERIC	DATA	113	18	0

結果輸出

螢幕　● 資料表　名稱...　久未往來帳戶資料

□ 附加到現存資料表

75

久未往來帳戶資料

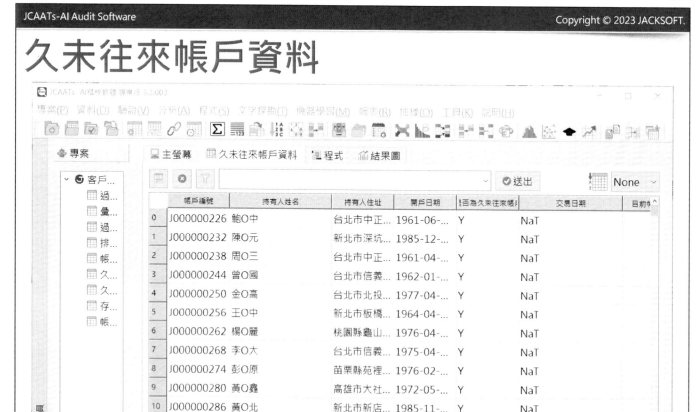

共6,090筆資料

76

Step4：比對新久未往來帳戶與現有久未往來帳戶資料，列出差異之帳戶資料檔流程圖

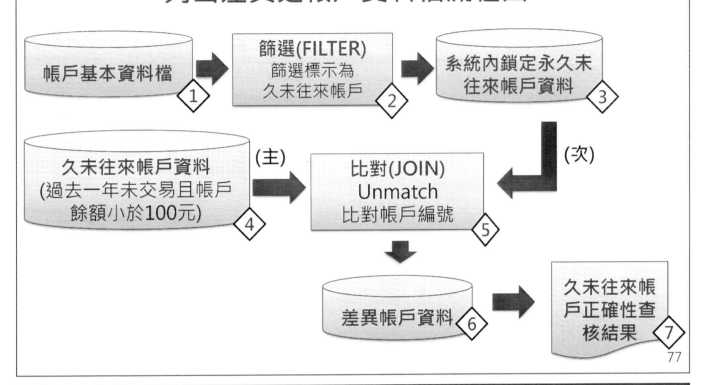

萃取(Extract)出標示為久未往來帳戶

- 報表→萃取

萃取(Extract)出標示為久未往來帳戶

- 報表→萃取
- 萃取：
  全選
- 篩選：
  DORMANT == "Y"

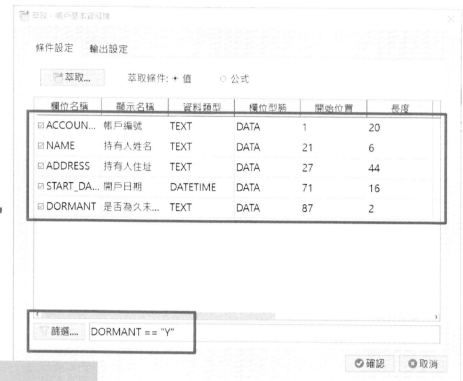

DORMANT == "Y"

79

萃取(Extract)出標示為久未往來帳戶

- 報表→萃取
- 萃取：
  資料表
- 篩選：
  系統內鎖定永久未
  往來帳戶

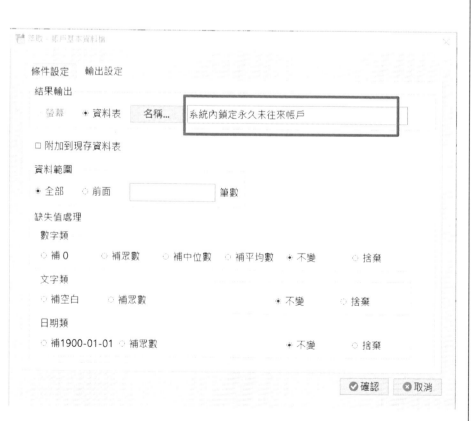

80

篩選(Filter)標示為久未往來帳戶

共6,078筆資料

81

比對(Join)久未往來帳戶資料

■ 分析→比對

82

比對(Join)久未往來帳戶資料

- 分析→比對
- 主表：
  久位往來帳戶資料
- 次表：
  系統內鎖定永久未往來帳戶
- 主表關鍵欄位：
  帳戶編號
- 次表關鍵欄位：
  帳戶編號
- 主表顯示欄位：
  全選
- 次表顯示欄位：
  不選

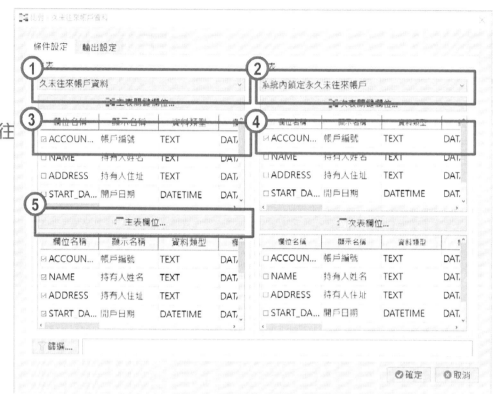

83

比對(Join)久未往來帳戶資料

- 分析→比對
- 結果輸出：
  資料表
- 名稱：
  差異帳戶資料
- 比對類型：
  Unmatch Primary

84

久未往來帳戶差異資料

	帳戶編號	持有人姓名	持有人住址	開戶日期	是否為久未往來帳戶	
0	J001100007	莊O崇	台北市北投區建國九村301號	1987-04-03 00:00:00	N	2
1	J001200009	謝O頎	台北市北投區建國路3段377號	1989-10-01 00:00:00	N	2
2	J002100005	張O亞	新竹縣竹北市學府路317號	1982-08-08 00:00:00	N	2
3	J002300002	潘O茂	台北市松山區寧夏西四街252號	1984-09-06 00:00:00	N	2
4	J011100018	潘O凌	新北市深坑區大墩十九街13號	1988-11-02 00:00:00	N	2
5	J011200026	潘O思	台中市南區新山路65號	1976-05-14 00:00:00	N	2
6	J012000003	顏O皇	台北市萬華區國安一路237號	1962-04-28 00:00:00	N	2
7	J012300011	林O環	台北市松山區稻香路竹圍巷337號	1975-12-15 00:00:00	N	2
8	J012300027	林O茂	台北市萬華區衖仁街202號	1970-01-20 00:00:00	N	2
9	J013000006	洪O上	台北市松山區大魯閣路176號	1988-07-02 00:00:00	N	2
10	J021000001	梁O台	桃園縣復興鄉中興五巷457號	1970-01-20 00:00:00	N	2
11	J021300013	劉O順	台北市大安區忠孝路177號	1986-11-04 00:00:00	N	2

筆數：23

共23筆資料

85

---

jacksoft | AI Audit Expert

實例上機演練二：
久未往來帳戶
異常交易活動查核

Copyright © 2023 JACKSOFT.

86

久未往來帳戶交易活動查核稽核流程圖

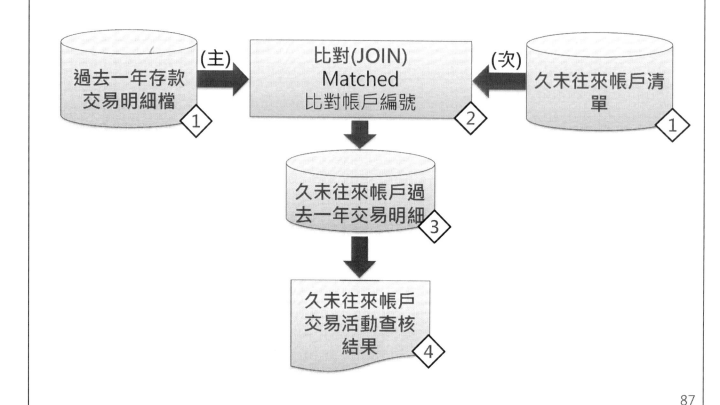

比對(Join)過去一年有交易的久未往來帳戶

- 分析→比對

JCAATs- AI稽核軟體 教育版 3.2.009

專案(P) 資料(D) 驗證(V) 分析(A) 程式(S) 文字探勘(T) 機器學習(M) 報表(R) 抽樣(O) 工具(K) 詩

分類	Ctrl+2
分層	Ctrl+5
帳齡	
彙總	Ctrl+0
交叉	
班佛	
比對	Ctrl+7
排序	
索引	

過去一年存款交易明細檔　程式　結果圖

專案

久未往來帳戶查

過去一年存.

久未往來帳.

	編號	交易日期	目前帳戶餘額	前期帳戶餘額	交
	0180	20111001	38331	19842	CREI
	0181	20111002	127711	-5608	CREI
	0182	20111003	130641	-24858	CREI
	0183	20111004	81	-142728	DEBI
4	J000000185	20111005	179021	110812	CREI
5	J000000186	20111006	59141	-318	CREI
6	J000000187	20111007	109731	78812	CREI

比對(Join)過去一年有交易的久未往來帳戶

- 分析→比對
- 主表：
  過去一年存款
  交易明細檔
- 次表：
  久未往來帳戶
  清單
- 主表關鍵欄位：
  帳戶編號
- 次表關鍵欄位：
  帳戶編號
- 主表顯示欄位：
  全選
- 次表顯示欄位：
  持有人姓名、
  是否為久未
  往來帳戶

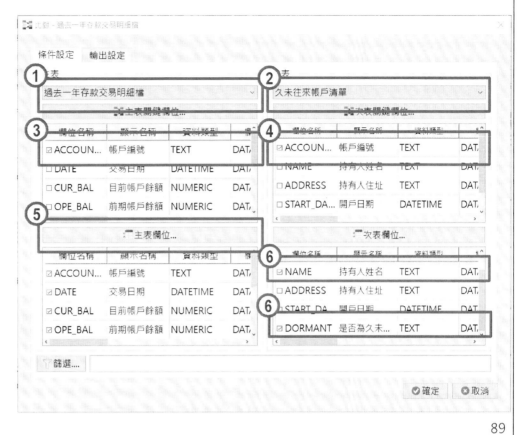

89

比對(Join)過去一年有交易的久未往來帳戶

- 分析→比對
- 結果輸出：
  資料表
- 名稱：
  久未往來帳戶
  過去一年交易
  明細
- 比對類型：
  **Matched
  Primary with
  the first
  Secondary**

90

久未往來帳戶過去一年交易明細

	帳戶編號	交易日期	目前帳戶餘額	前期帳戶餘額	交易型態	交易金額	負責行員
0	J000002288	2012-02-1...	54201	43214	CREDIT	10987	E000395
1	J000002288	2012-01-1...	43214	67321	DEBIT	24107	E000395
2	J000002288	2011-10-1...	54201	-58188	DEBIT	3987	E000395
3	J000002288	2011-10-1...	67321	88501	DEBIT	21180	E000395
4	J000002288	2011-11-1...	88501	54201	CREDIT	34300	E000395
5	J000016528	2012-06-1...	168715	88701	CREDIT	80014	E003281
6	J000016528	2012-03-1...	88701	68701	CREDIT	20000	E003281
7	J000016528	2011-12-1...	168701	163032	CREDIT	5669	E003281
8	J000016528	2012-08-1...	68701	116701	DEBIT	48000	E003281
9	J000016528	2012-01-1...	116701	168701	DEBIT	52000	E003281

久未往來帳戶過去一年交易明細 筆數：55

共55筆資料

91

jacksoft | AI Audit Expert

www.jacksoft.com.tw

實例上機演練三：
高風險疑似
久未往來帳戶洗錢查核

Copyright © 2023 JACKSOFT.

92

專案規劃(洗錢防制與行員挪用查核)

查核項目	銀行帳戶管理作業	存放檔名	行員挪用進階查核
查核目標	查核確認是否有疑似久未往來帳戶洗錢或行員挪用客戶款項等高風險交易發生。		
查核說明	篩選交易次數低但交易金額高，疑似洗錢或行員挪用客戶款項之高風險交易，列出以利後續檢核是否有依照法令或銀行內控規定辦理。		
查核程式	(1)高風險疑似久未往來帳戶洗錢查核 – 過去一年交易次數小於4次，但交易總金額大於300,000元。 (2)行員疑似挪用久未往來客戶帳戶款項查核 – 列出一個月內處理久未往來帳戶復活交易超過5次(設定變數)的行員。		
資料檔案	帳戶基本資料檔、存款交易明細檔、員工基本資料檔		
所需欄位	請詳後附件明細表		

93

高風險疑似久未往來帳戶洗錢查核 流程圖

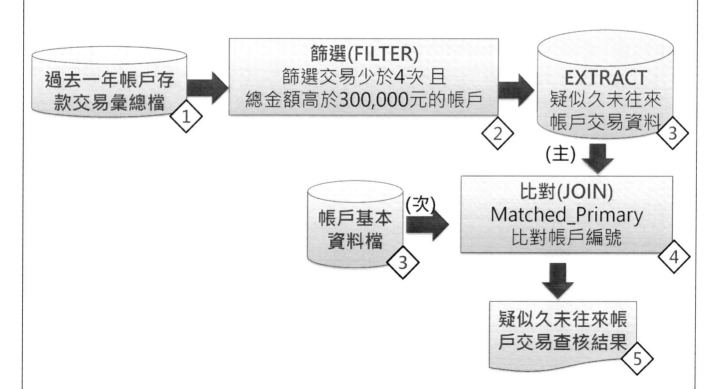

94

篩選(Filter)疑似久未往來帳戶交易

- 開啟「過去一年帳戶存款交易彙總檔」

- 使用篩選器

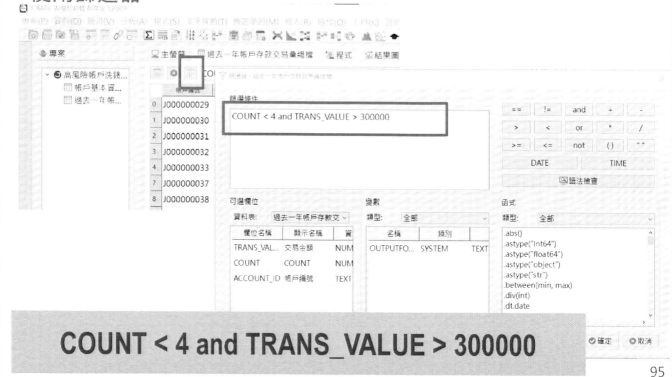

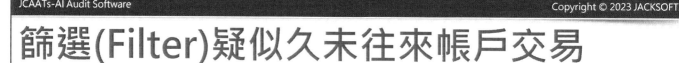

COUNT < 4 and TRANS_VALUE > 300000

95

篩選(Filter)疑似久未往來帳戶交易

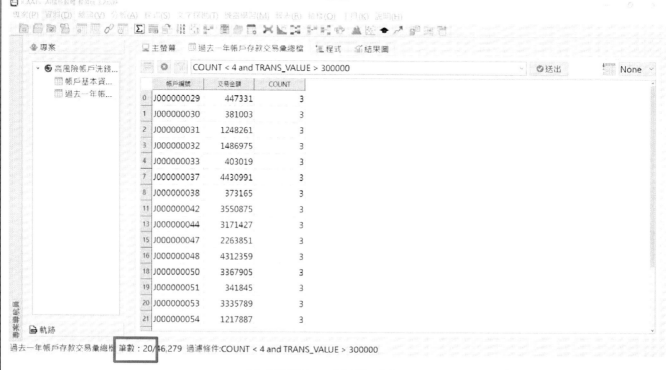

共找到20筆資料

96

萃取(Extract)疑似久未往來帳戶交易

- 報表→萃取

專案(P) 資料(D) 驗證(V) 分析(A) 程式(S) 文字探勘(T) 機器學習(M) 報表(R) 抽樣(O) 工具(K)

| | | | | | | | | | | Σ | | | | | | | | | | | 萃取 | Ctrl+E | | |

			萃取	Ctrl+E
專案	主螢幕	過去一年帳戶存款交	合併	結
		COUNT < 4 and TRAI	匯出	
高風險帳戶洗錢...	帳戶編號	交易金額	圖表	
帳戶基本資...		COUNT	
過去一年帳...			

	帳戶編號	交易金額	COUNT
0	J000000029	447331	3
1	J000000030	381003	3
2	J000000031	1248261	3
3	J000000032	1486975	3
4	J000000033	403019	3
7	J000000037	4430991	3
8	J000000038	373165	3

97

萃取(Extract)疑似久未往來帳戶交易

- 報表→萃取
- 萃取：
  全選

- 萃取→輸出設定
- 輸出結果：
  資料表
- 名稱：
  疑似久未往來交
  易資料

萃取 - 彙總過去一年帳戶交易金額

條件設定　輸出設定

萃取...　　萃取條件： ● 值　　○ 公式

欄位名稱	顯示名稱	資料類型	欄位型態	開始位置	長度	
☑ ACCOUN...	帳戶編號	TEXT	DATA	1	20	
☑ TRANS_V...	TRANS_VAL...	NUMERIC	DATA	21	14	0
☑ COUNT	COUNT	NUMERIC	DATA	35	4	0

萃取 - 彙總過去一年帳戶交易金額

條件設定　輸出設定

結果輸出

螢幕　 ● 資料表　 名稱...　| 疑似久未往來交易資料 |

□ 附加到現存資料表

98

萃取(Extract)疑似久未往來帳戶交易

利用比對(Join)勾稽帳戶基本資料檔

- 分析→比對

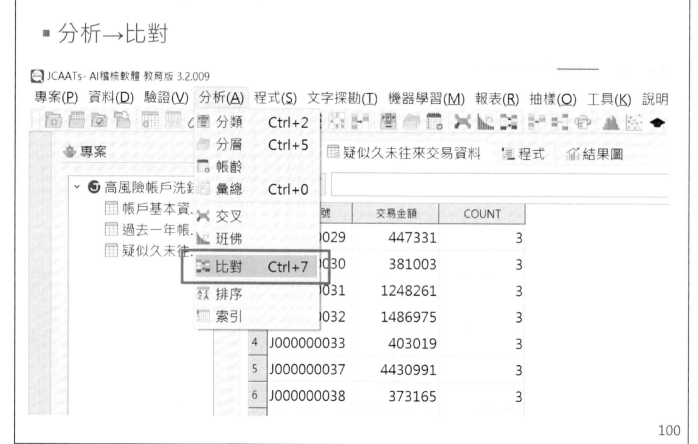

利用比對(Join)勾稽帳戶基本資料檔

- 分析→比對
- 主表：
  疑似久未往來交易資料
- 次表：
  帳戶基本資料檔
- 主表關鍵欄位：
  帳戶編號
- 次表關鍵欄位：
  帳戶編號
- 主表顯示欄位：
  全選
- 次表顯示欄位：
  持有人姓名

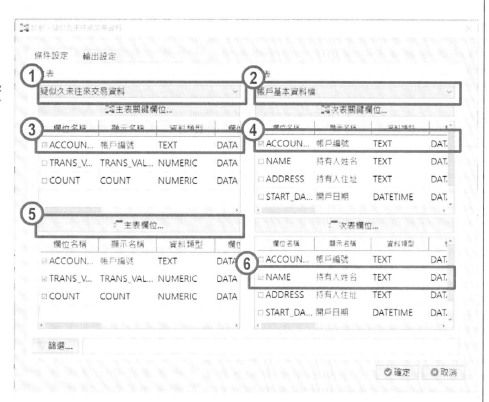

利用比對(Join)勾稽帳戶基本資料檔

- 分析→比對
- 結果輸出：
  資料表
- 名稱：
  疑似久未往來帳戶交易明細
- 比對類型：
  Matched All Primary with the first Secondary

疑似久未往來帳戶交易明細

勾稽出持有人姓名

103

個案練習

- 請進行高風險疑似久未往來帳戶洗錢查核，查核條件為過去一年交易次數小於5次，但交易總金額大於3,000,000元?

    ANS：6筆

104

實例上機演練四：
行員疑似挪用
久未往來帳戶查核

行員疑似盜用久未往來帳戶查核主要稽核步驟

Step 1：產生上月(9月)久未往來帳戶資料檔

Step 2：產生本月(10月)非久未往來帳戶資料檔

Step 3：比對本月(10月)非久未往來帳戶資料亦是上月(9月)久未往來帳戶資料，列出本月(10月)新異動為非久未往來帳戶的帳戶資料

Step 4：比對本月(10月)新異動為非久未往來帳戶的帳戶資料與其帳戶10月交易明細檔

Step 5：彙總這些交易資料，列出處理人員相同大於等於5次者

行員疑似盜用久未往來帳戶查核主要稽核步驟流程圖

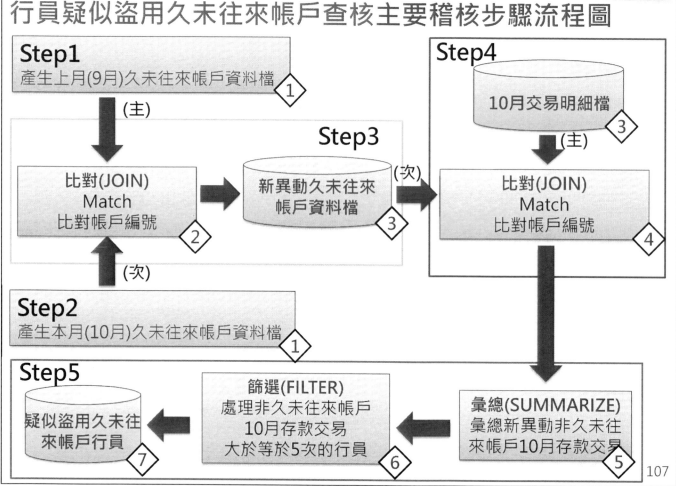

Step1： 計算出久未往來帳號流程圖(1)

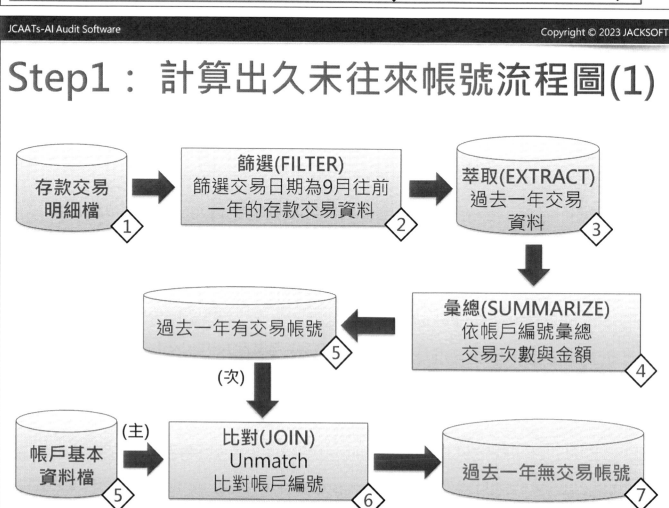

篩選(Filter) 9月往前一年的存款交易

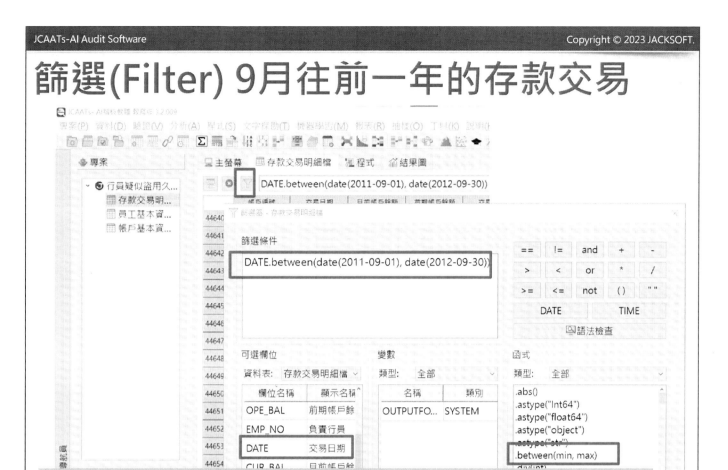

DATE.between(date(2011-09-01), date(2012-09-30))

篩選(Filter) 9月往前一年的存款交易

共找出**231,204**筆

萃取(Extract) 9月往前一年的存款交易

- 報表→萃取
- 萃取：
全選

- 萃取→輸出設定
- 輸出結果：
資料表
- 名稱：
過去一年交易資料

111

9月往前一年的存款交易

確認筆數為231,204筆

112

依帳戶彙總(Summarize) 存款交易

- 分析→彙總

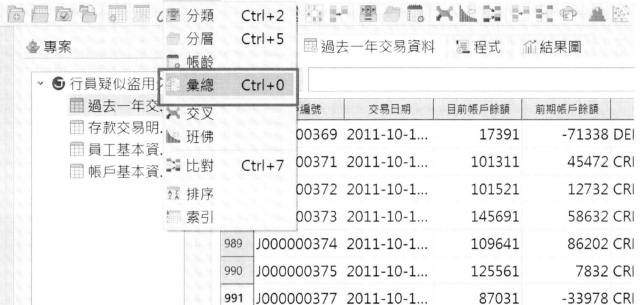

113

依帳戶彙總(Summarize) 存款交易

- 分析→彙總
- 彙總：
  帳戶編號
- 小計欄位：
  交易金額
- 列出欄位：
  不選取

- 彙總→輸出設定
- 結果輸出：
  資料表
- 名稱：
  過去一年有交易帳號

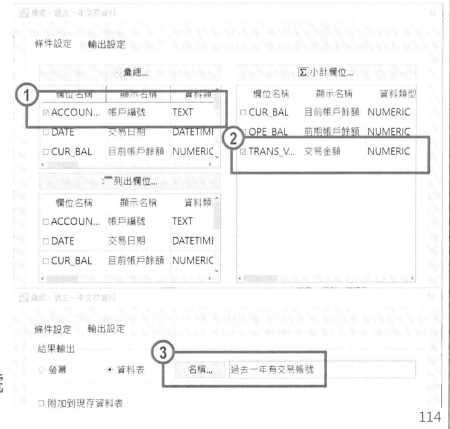

114

依帳戶彙總(Summarize) 存款交易

共找出46,304個帳戶

115

比對(Join)出過去一年無交易帳號

- 開啟「帳戶基本資料檔」
- 分析→比對

JCAATs- AI稽核軟體 教育版 3.2.009

專案(P) 資料(D) 驗證(V) 分析(A) 程式(S) 文字探勘(T) 機器學習(M) 報表(R) 抽樣(O) 工具(K) 說明(

		分類	Ctrl+2					
專案		分層	Ctrl+5		帳戶基本資料檔	程式	結果圖	
行員疑似盜用分		帳齡						
過去一年交.		彙總	Ctrl+0	編號	持有人住址	銀行分行	持有人姓名	是否為久未
過去一年有.		交叉		0012	新竹市北區五福...	北區分...	郭O台	N
存款交易明		班佛		0025	桃園縣龜山鄉上...	龜山分...	史O振	N
員工基本資		比對	Ctrl+7	0008	台南市下營區仁...	下營分...	蘇O耀	N
帳戶基本資.		排序		0020	新竹市北區仁義...	北區分...	鄭O亞	N
		索引						
	4			J223000021	新北市永和區安...	永和分...	王O中	N
	5			J221000024	高雄市仁武區忠...	仁武分...	方O晶	N
	6			J023100023	新北市新市區城...	新市分...	吳O永	N

116

比對(Join)出過去一年無交易帳號

- 分析→比對
- 次表：
  過去一年有交易
  帳號
- 關鍵欄位：
  帳戶編號
- 主表顯示欄位：
  全選
- 次表顯示欄位：
  不選取

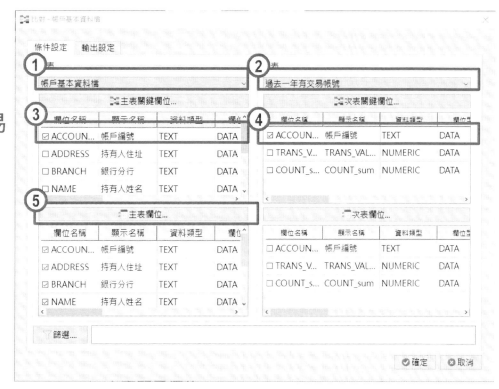

117

比對(Join)出過去一年無交易帳號

- 分析→比對
- 結果輸出：
  資料表
- 名稱：
  過去一年無交
  易帳號
- 比對類型：
  **Unmatch
  Primary**

118

過去一年無交易帳號

共找出**17,256**個帳戶

119

Step1：產生上月(9月)久未往來帳戶資料檔 流程圖(2)

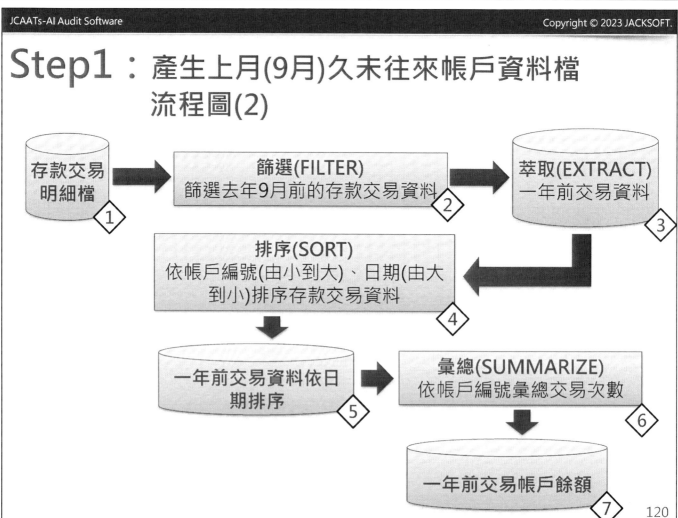

120

篩選(Filter) 去年9月前久未往來帳戶

- 開啟「存款交易明細檔」
- 篩選器
- 選擇欄位:
  DATE
- 選擇運算子:
  <
  DATE
  (選擇日期)

DATE <date(2011-09-01)

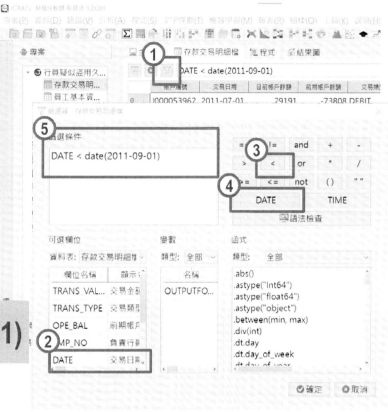

篩選(Filter) 去年9月前久未往來帳戶

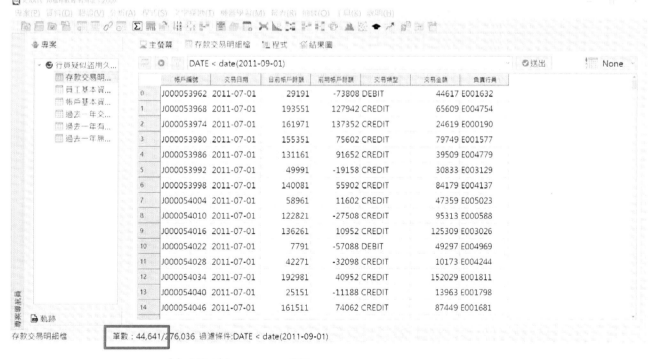

共找出44,641筆

萃取(Extract)去年9月前久未往來帳戶

■ 報表→萃取

萃取(Extract)去年9月前久未往來帳戶

■ 報表→萃取
■ 萃取：
　全選

■ 萃取→輸出設定
■ 輸出結果：
　資料表
■ 名稱：
　一年前交易資料

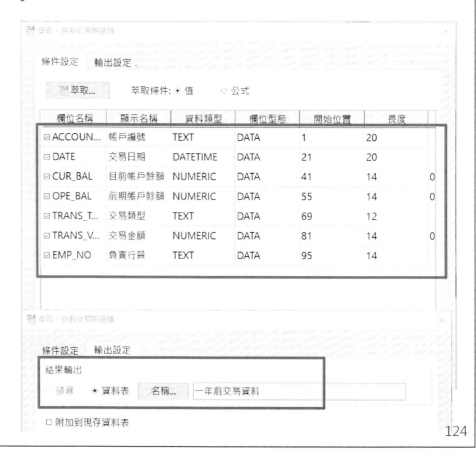

一年前交易資料

共44,641筆

125

排序(Sort)去年九月前久未往來帳戶

- 分析→排序

126

排序(Sort)去年九月前久未往來帳戶

- 分析→排序
- 排序：
  帳戶編號(小→大)
  交易日期(大→小)
- 列出欄位：
  全選

- 排序→輸出設定
- 輸出結果：
  資料表
- 名稱：
  一年前交易資料依
  日期排序

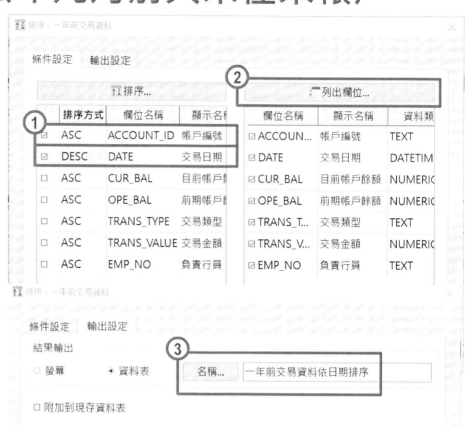

127

一年前交易資料依日期排序

128

彙總(Summarize)去年九月前帳戶餘額

■ 分析→彙總

彙總(Summarize)去年九月前帳戶餘額

■ 分析→彙總

■ 彙總：
帳戶編號

■ 小計欄位：
交易日期、
目前帳戶餘額

■ 列出欄位：
不選取

■ 彙總→輸出設定

■ 輸出結果：
資料表

■ 名稱：
一年前交易帳戶餘額

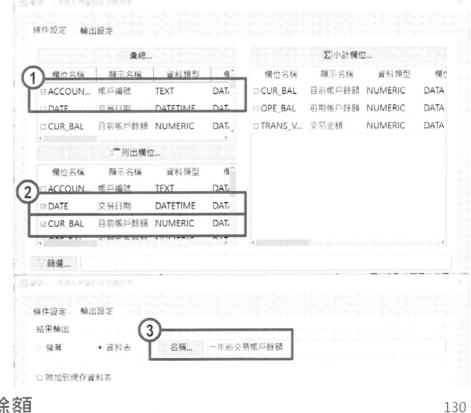

一年前交易帳戶餘額

共11,214筆

131

Step1：產生上月(9月)久未往來帳戶資料檔流程圖(3)

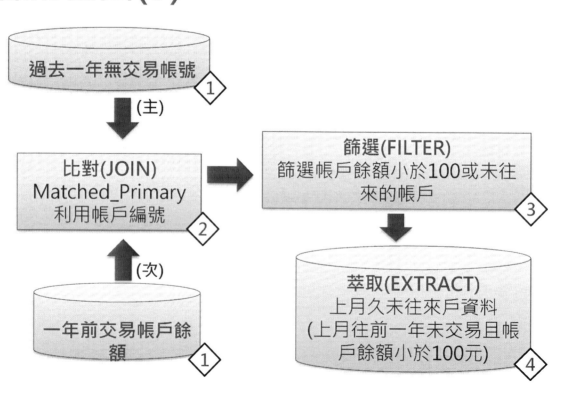

132

利用比對(Join) 勾稽久未往來帳戶資料

- 開啟「過去一年無交易帳號」
- 分析→比對

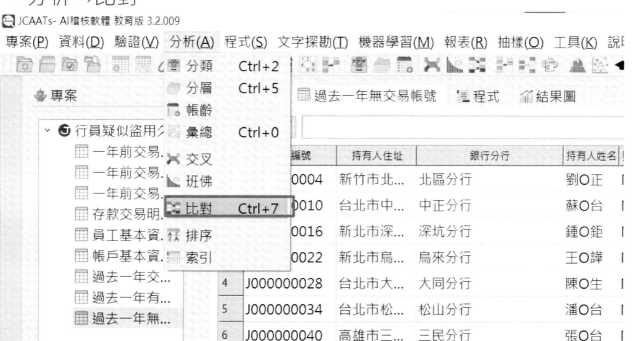

133

利用比對(Join) 勾稽久未往來帳戶資料

- 分析→比對
- 主表：
  過去一年無交易帳號
- 次表：
  一年前交易帳戶餘額
- 主表關鍵欄位：
  帳戶編號
- 次表關鍵欄位：
  帳戶編號
- 主表顯示欄位：
  全選
- 次表顯示欄位：
  目前帳戶餘額

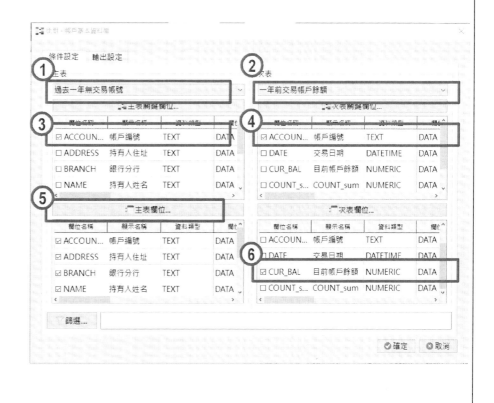

134

利用比對(Join) 勾稽久未往來帳戶資料

- 分析→比對
- 結果輸出：
  資料表
- 名稱：
  上月帳戶資料
- 比對類型：
  Matched All Primary with the first Secondary

135

上月帳戶資料

JCAATs - AI稽核軟體 教商版 3.2.009

專案(P) 資料(D) 驗證(V) 分析(A) 程式(S) 文字探勘(T) 機器學習(M) 報表(R) 抽樣(O) 工具(K) 說明(H)

專案　　　　主螢幕　　上月帳戶資料　　程式　　結果圖

行員疑...　　None

	銀行分行	持有人姓名	是否為久未往來帳戶	開戶日期	目前帳戶餘額
0	北區分行	劉O正	N	1969-05-21 00:00:00	182721
1	中正分行	蘇O台	N	1987-06-03 00:00:00	98241
2	深坑分行	鍾O鉅	N	1976-06-14 00:00:00	77981
3	烏來分行	王O譁	N	1984-12-06 00:00:00	86841
4	大同分行	陳O生	N	1974-08-16 00:00:00	118621
5	松山分行	潘O台	N	1987-07-03 00:00:00	47021
6	三民分行	張O台	N	1973-12-17 00:00:00	18541
7	內湖分行	陳O民	N	1969-12-21 00:00:00	56091
8	松山分行	林O富	N	1966-03-24 00:00:00	198661
9	萬華分行	于O宜	N	1963-10-27 00:00:00	38031

軌跡

上月帳戶資料　　　　筆數：17,256

成功勾稽出目前帳戶餘額

136

篩選(Filter)久未往來帳戶

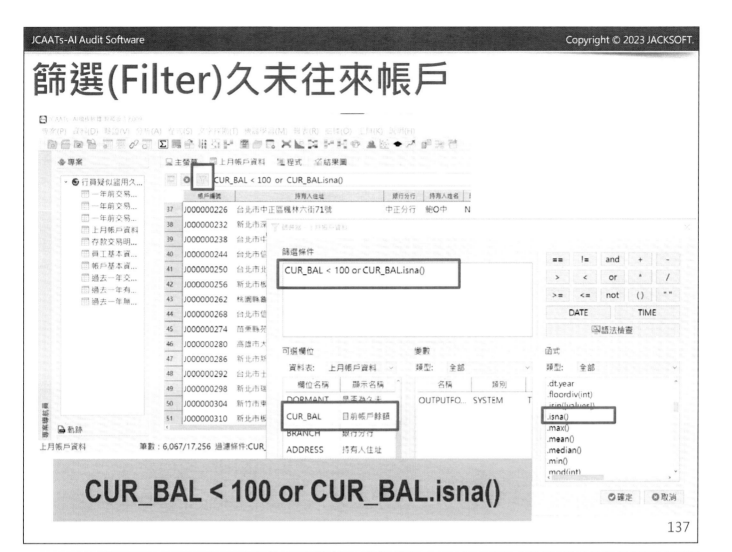

CUR_BAL < 100 or CUR_BAL.isna()

篩選(Filter)久未往來帳戶

共找出6,067筆

萃取(Extract)久未往來帳戶

- 報表→萃取

```
JCAATs- AI稽核軟體 教育版 3.2.009
專案(P) 資料(D) 驗證(V) 分析(A) 程式(S) 文字探勘(T) 機器學習(M) 報表(R) 抽樣(O) 工具(K) 說明
```

報表(R) 選單：
- 萃取 Ctrl+E
- 合併
- 匯出
- 圖表

專案
- 行員疑似盜用久...
  - 一年前交易...
  - 一年前交易...
  - 一年前交易...
  - 上月帳戶資料
  - 存款交易明...
  - 員工基本資...
  - 帳戶基本資...
  - 過去一年交...
  - 過去一年有...
  - 過去一年無...

主螢幕　上月帳戶資料

CUR_BAL < 100 or C

	帳戶編號	持有人住址	銀...
37	J000000226	台北市中正區楓林六街71號	中正
38	J000000232	新北市深坑區石壁腳162號	深坑
39	J000000238	台北市中正區西寧街498號	中正
40	J000000244	台北市信義區光華路364號	信義
41	J000000250	台北市北投區大埤路17號	北投
42	J000000256	新北市板橋區西門街161號	板橋
43	J000000262	桃園縣龜山鄉昭勝路安平二巷421號	龜山

139

萃取(Extract)久未往來帳戶

- 報表→萃取
- **萃取：**
  全選

- 萃取→輸出設定
- **輸出結果：**
  資料表
- **名稱：**
  上月久未往來帳戶
  資料

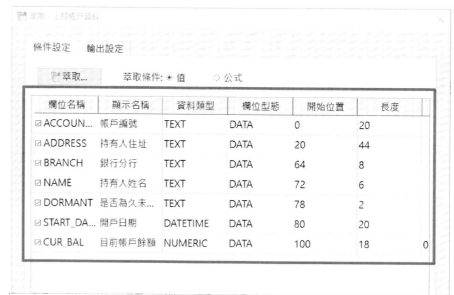

萃取 - 上月帳戶資料

條件設定　輸出設定

萃取...　萃取條件：⦿ 值　○ 公式

欄位名稱	顯示名稱	資料類型	欄位型態	開始位置	長度	
☑ ACCOUN...	帳戶編號	TEXT	DATA	0	20	
☑ ADDRESS	持有人住址	TEXT	DATA	20	44	
☑ BRANCH	銀行分行	TEXT	DATA	64	8	
☑ NAME	持有人姓名	TEXT	DATA	72	6	
☑ DORMANT	是否為久未...	TEXT	DATA	78	2	
☑ START_DA...	開戶日期	DATETIME	DATA	80	20	
☑ CUR_BAL	目前帳戶餘額	NUMERIC	DATA	100	18	0

萃取 - 上月帳戶資料

條件設定　輸出設定

結果輸出

螢幕　⦿ 資料表　名稱...　上月久未往來帳戶資料

☐ 附加到現存資料表

140

上月久未往來帳戶資料

共找出6,067筆

Step2：產生本月(10月)非久未往來帳戶資料檔流程圖

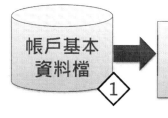
帳戶基本資料檔 ①

→ 篩選(FILTER) 篩選標示為非久未往來戶的帳戶資料 ②

→
萃取(EXTRACT) 本月非久未往來帳戶資料 ③

篩選(Filter)10月非久未往來帳戶資料

- 開啟「帳戶基本資料檔」
- 篩選器
- 選擇欄位: DORMANT
- 選擇運算子: == " "

  (輸入N)

DORMANT == "N"

143

篩選(Filter)10月非久未往來帳戶資料

	帳戶編號	持有人住址	銀行分行	持有人姓名	是否為久未往來帳戶	開戶日期
0	J321000012	新竹市北區五福街236號	北區分行	郭O台	N	1982/12/08
1	J312000025	桃園縣龜山鄉上春路377號	龜山分行	史O振	N	1974/03/16
2	J310000008	台南市下營區仁愛三街5號	下營分行	蘇O耀	N	1977/09/13
3	J231000020	新竹市北區仁義街432號	北區分行	鄭O亞	N	1972/07/18
4	J223000021	新北市永和區安宅五街31號	永和分行	王O中	N	1978/07/12
5	J221000024	高雄市仁武區忠孝東路5段292號	仁武分行	方O晶	N	1985/02/05
6	J023100023	新北市新市區城安二街423號	新市分行	吳O永	N	1968/02/22
7	J023100019	新北市雙溪區忠孝路160號	雙溪分行	曾O光	N	1972/06/18
8	J022200017	台北市萬華區泉州厝351號	萬華分行	陳O聯	N	1960/12/30
9	J022100014	台北市南港區西中巷168號	南港分行	陳O太	N	1975/07/15
10	J021300015	台北市松山區蔣公路459號	松山分行	蔣O巨	N	1966/08/24
11	J021300013	台北市大安區忠孝路177號	大安分行	劉O順	N	1986/11/04
12	J021000001	桃園縣復興鄉中興五巷457號	復興分行	梁O台	N	1970/01/20
13	J013000006	台北市松山區大魯閣路176號	松山分行	洪O上	N	1988/07/02
14	J012300027	台北市萬華區衛仁街202號	萬華分行	林O茂	N	1970/01/20

帳戶基本資料檔　　筆數: 57,561/63,602 過濾條件:DORMANT == "N"

共找出57,561筆

144

萃取(Extract)10月非久未往來帳戶資料

- 報表→萃取

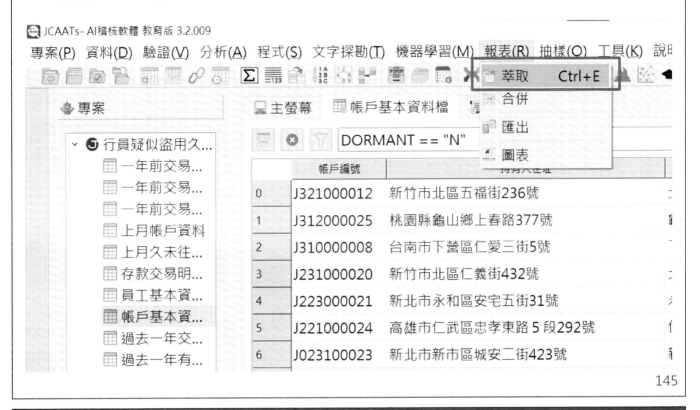

萃取(Extract)10月非久未往來帳戶資料

- 報表→萃取
- 萃取：
  全選

- 萃取→輸出設
  定
- 輸出結果：
  資料表
- 名稱：
  本月非久未往
  來帳戶資料

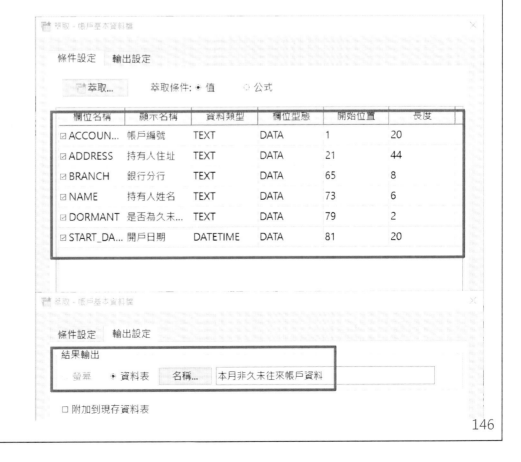

本月非久未往來帳戶資料

共找出57,561筆

147

Step3： 比對本月(10月)非久未往來帳戶資料 亦是上月(9月)久未往來帳戶資料，列出本月(10月)新異動為非久未往來帳戶的資料流程圖

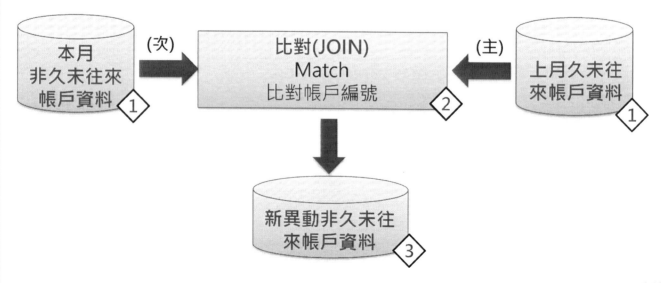

148

比對(Join)出新異動為非久未往來帳戶

- 開啟「上月久未往來帳戶資料」
- 分析→比對

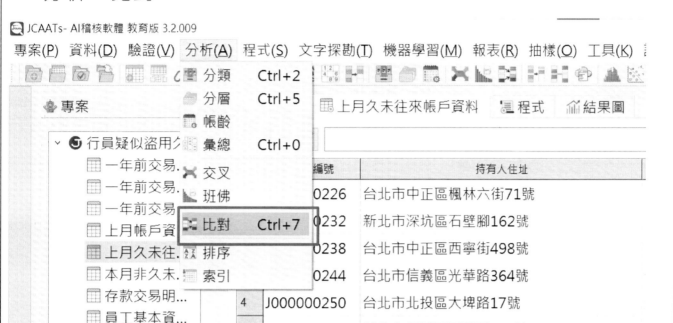

149

比對(Join)出新異動為非久未往來帳戶

- 分析→比對
- 主表：
  上月久未往來帳戶資料
- 次表：
  本月非久未往來帳戶資料
- 主表關鍵欄位：
  帳戶編號
- 次表關鍵欄位：
  帳戶編號
- 主表顯示欄位：
  全選
- 次表顯示欄位：
  不選取

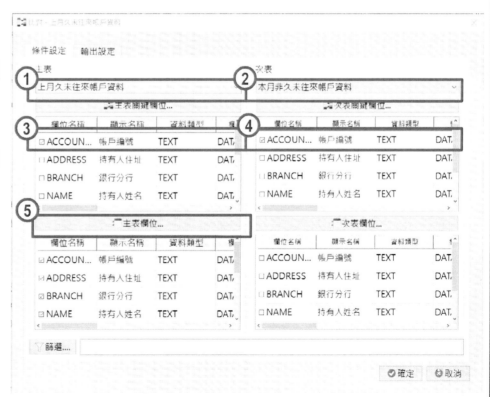

150

比對(Join)出新異動為非久未往來帳戶

- 分析→比對
- 結果輸出：
  資料表
- 名稱：
  新異動非久未
  往來帳戶資料
- 比對類型：
  **Matched
  Primary with
  the first
  Secondary**

新異動非久未往來帳戶資料

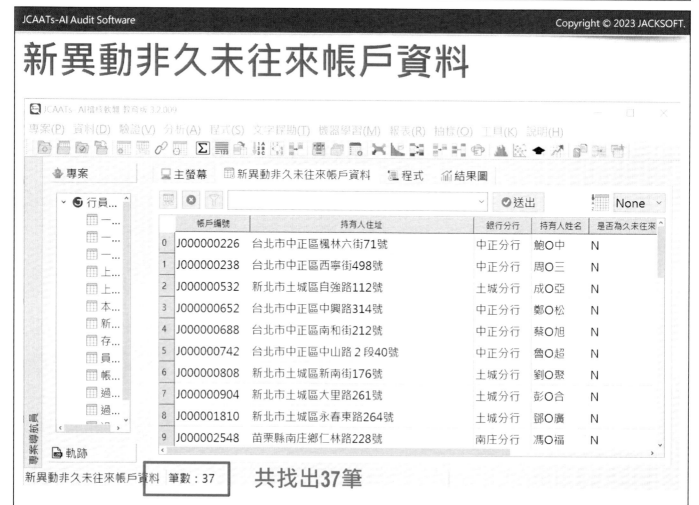

新異動非久未往來帳戶資料　筆數：37　　共找出37筆

Step4：比對本月(10月)新異動為非久未往來帳戶的帳戶資料與其帳戶10月交易明細檔流程圖

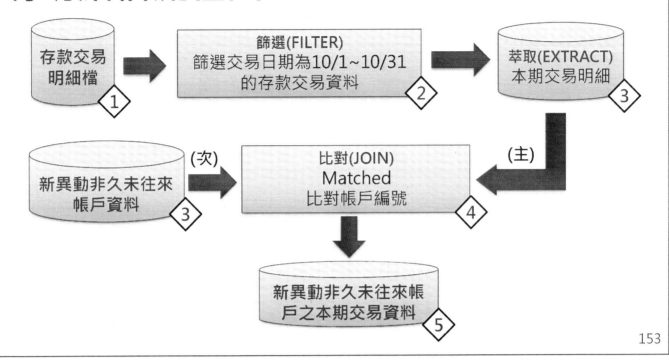

153

篩選(Filter)10月存款交易明細

- 開啟「存款交易明細檔」
- 篩選器
- 選擇欄位:
  DATE
- 選擇函式:
  .between()
- 選擇運算子:
  DATE
  (選擇日期)

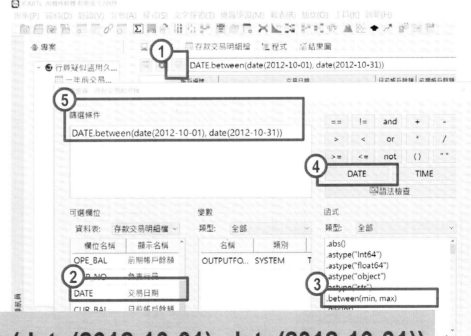

DATE.between(date(2012-10-01), date(2012-10-31))

154

篩選(Filter)10月存款交易明細

共找出190筆

155

萃取(Extract) 10月存款交易明細

- 報表→萃取

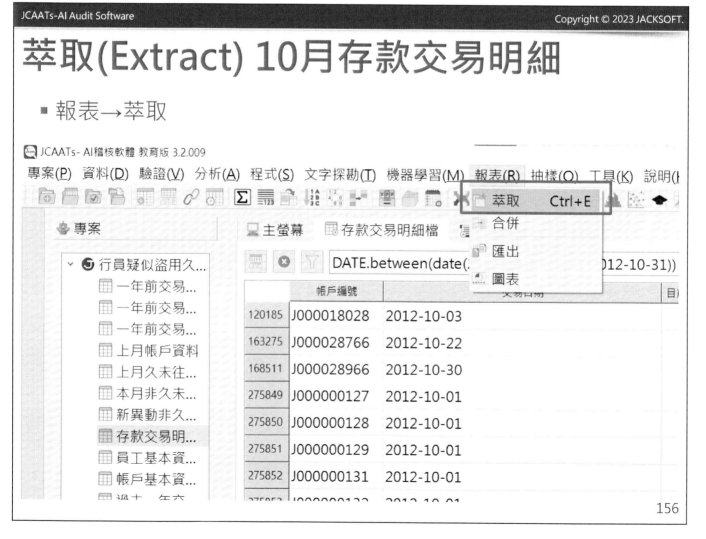

156

萃取(Extract) 10月存款交易明細

- 報表→萃取
- 萃取：
  全選

- 萃取→輸出設定
- 輸出結果：
  資料表
- 名稱：
  本期交易明細

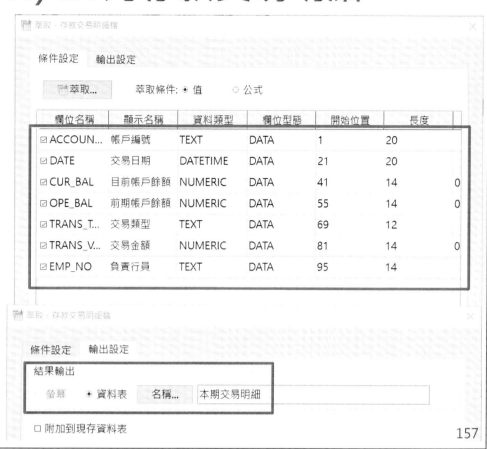

本期交易明細

共190筆

比對(Join)新異動非久未往來帳戶

- 分析→比對

JCAATs- AI稽核軟體 教育版 3.2.009

專案(P)　資料(D)　驗證(V)　分析(A)　程式(S)　文字探勘(T)　機器學習(M)　報表(R)　抽樣(O)　工具(K)　說明

	分類	Ctrl+2
分層	Ctrl+5
帳齡	
彙總	Ctrl+0
交叉	
班佛	
比對	Ctrl+7
排序	
索引	

專案　　　本期交易明細　　程式　　結果圖

行員疑似盜用⟨　　　編號　　　　交易日期　　　目前帳戶餘額　　前期帳戶餘額

- 一年前交易.　　8028　2012-10-03 00:00:00　140000　16543
- 一年前交易.　　8766　2012-10-22 00:00:00　75432　18347
- 一年前交易　　8966　2012-10-30 00:00:00　23769　8456
- 上月帳戶資　　0127　2012-10-01 00:00:00　189041　11266
- 上月久未往.
- 本月非久未. | 4 | J000000128 | 2012-10-01 00:00:00 | 27771 | -4515
- 新異動非久… | 5 | J000000129 | 2012-10-01 00:00:00 | 163251 | 3199
- 本期交易明細
- 存款交易明… | 6 | J000000131 | 2012-10-01 00:00:00 | 172271 | 8547
- 員工基本資…

159

比對(Join)新異動非久未往來帳戶

- 分析→比對
- 主表：
  本期交易明細
- 次表：
  新異動非久未往
  來帳戶資料
- 主表關鍵欄位：
  帳戶編號
- 次表關鍵欄位：
  帳戶編號
- 主表顯示欄位：
  全選
- 次表顯示欄位：
  不選取

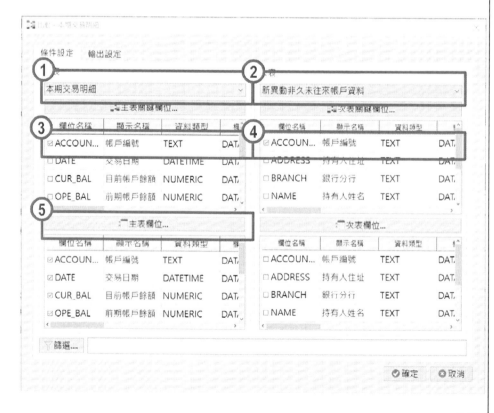

160

比對(Join)新異動非久未往來帳戶

- 分析→比對
- 結果輸出：資料表
- 名稱：新異動非久未往來帳戶之本期交易資料
- 比對類型：**Matched Primary with the first Secondary**

161

新異動非久未往來帳戶之本期交易資料

	帳戶編號	交易日期	目前帳戶餘額	前期帳戶餘額	交易類型	交易金額	負責行員
0	J000000226	2012-10-03 00:00:00	4421	5000	DEBIT	579	E004101
1	J000000238	2012-10-23 00:00:00	180000	99	CREDIT	180000	E004101
2	J000000532	2012-10-23 00:00:00	12250	2250	CREDIT	10000	E000101
3	J000000652	2012-10-01 00:00:00	10833	5833	CREDIT	5000	E004101
4	J000000688	2012-10-11 00:00:00	571	3571	DEBIT	3000	E004101
5	J000000742	2012-10-21 00:00:00	6625	5625	CREDIT	1000	E007101
6	J000000808	2012-10-01 00:00:00	1000	99	CREDIT	1000	E000201
7	J000000904	2012-10-11 00:00:00	-13636	13736	DEBIT	15000	E000201
8	J000001810	2012-10-21 00:00:00	8917	217	CREDIT	8700	E000201
9	J000002548	2012-10-03 00:00:00	22222	2222	CREDIT	20000	E009101

新異動非久未往來帳戶之本期交易資料 筆數：37

共37筆

162

Step 5：彙總這些交易資料，列出處理人員相同大於等於5次者流程圖

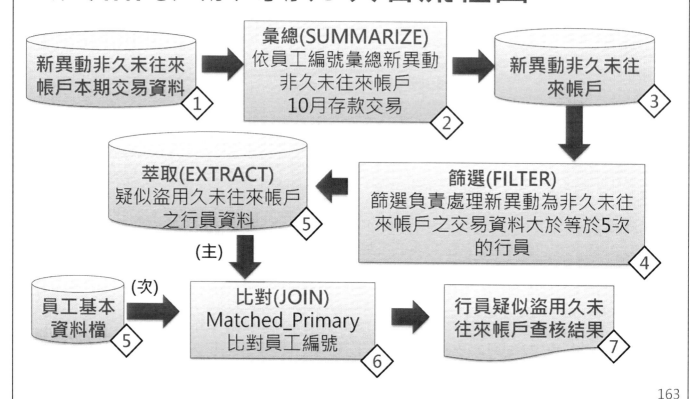

彙總(Summarize) 10月非久未往來員工編號

- 分析→彙總

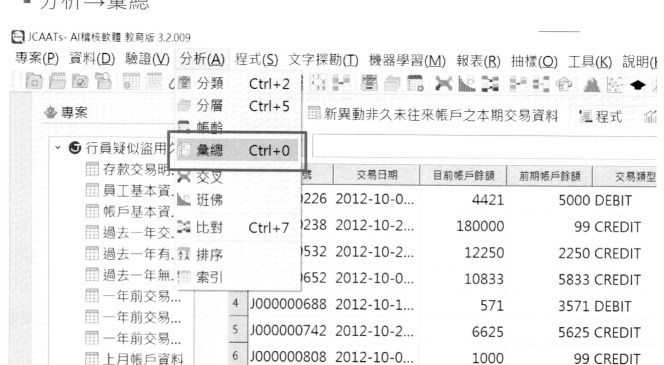

彙總(Summarize) 10月非久未往來員工編號

- 分析→彙總
- 彙總：
  負責行員
- 小計欄位：
  交易金額
- 列出欄位：
  不選取

- 彙總→輸出設定
- 輸出結果：
  資料表
- 名稱：
  新異動非久未往來
  帳戶

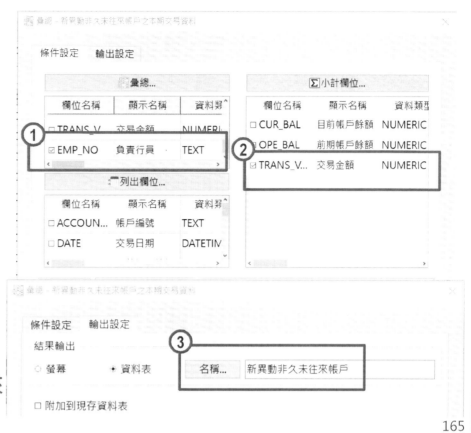

165

新異動非久未往來帳戶

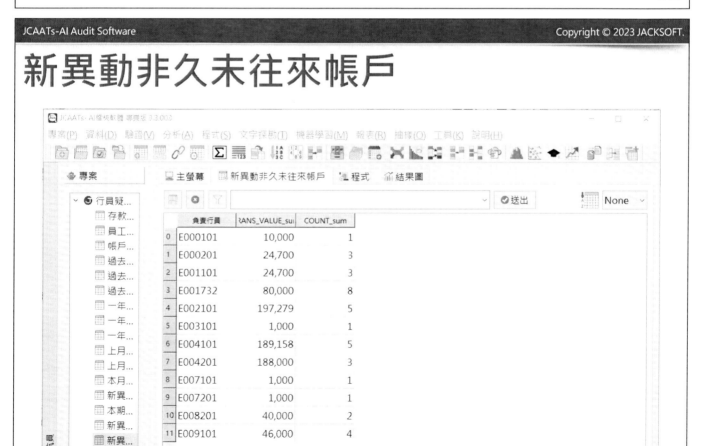

共12行員

166

篩選(Filter)交易資料大於等於5次的行員

- 篩選器
- 選擇欄位:
  COUNT_sum
- 選擇運算子:
  >=
  (輸入5)

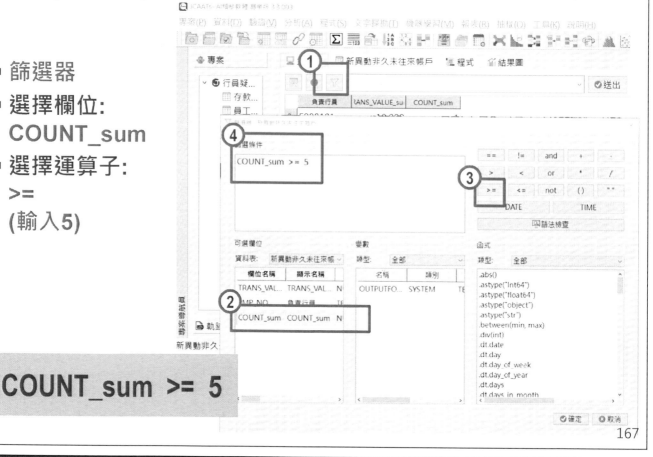

COUNT_sum >= 5

167

篩選(Filter)交易資料大於等於5次的行員

共找出3位行員

168

萃取(Extract)交易資料大於等於5次的行員

■ 報表→萃取

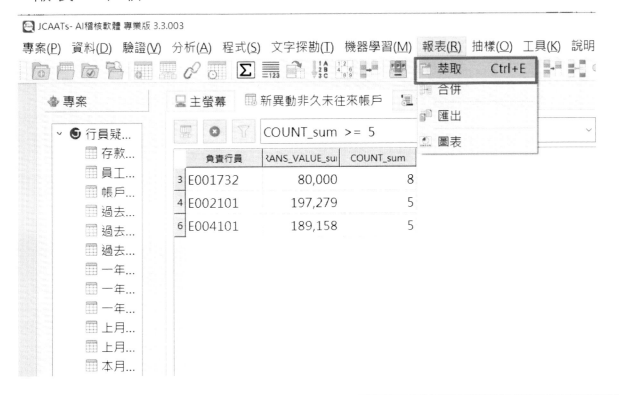

169

萃取(Extract)交易資料大於等於5次的行員

■ 報表→萃取

■ 萃取：
全選

■ 萃取→輸出設定

■ 輸出結果：
資料表

■ 名稱：
疑似盜用久未往來
帳戶之行員資料

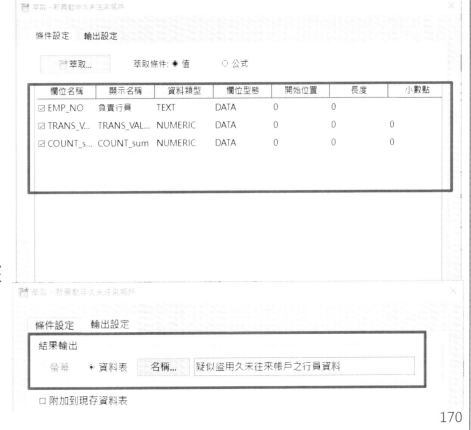

170

疑似挪用久未往來帳戶之行員資料

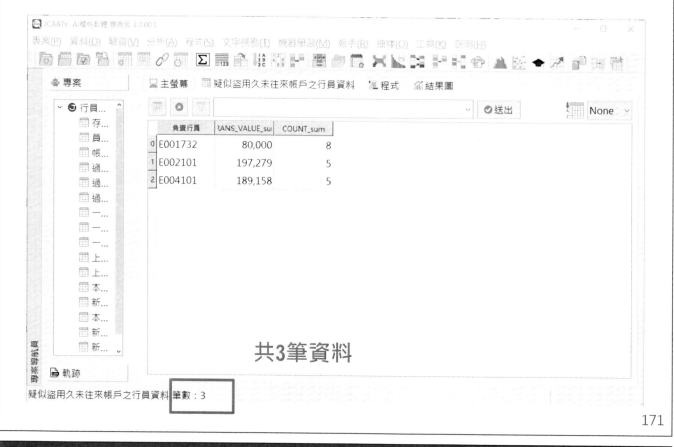

共3筆資料

比對(Join)勾稽代入員工姓名

▪ 分析→比對

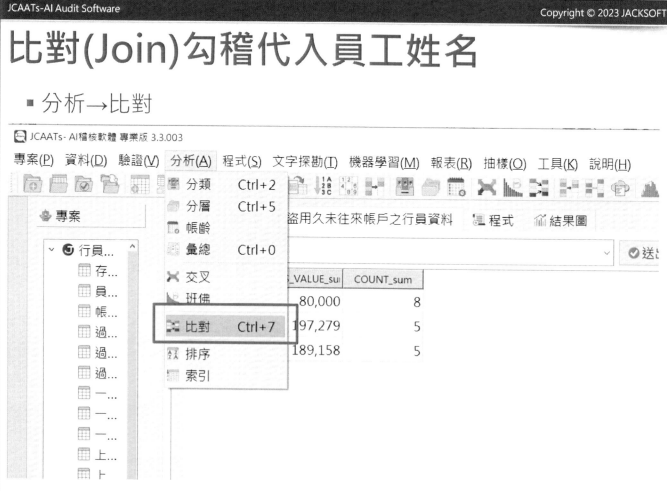

比對(Join)勾稽代入員工姓名

- 分析→比對
- 主表：
  疑似盜用久未往來
  帳戶之行員資料
- 次表：
  員工基本資料檔
- 主表關鍵欄位：
  負責行員
- 次表關鍵欄位：
  員工編號
- 主表顯示欄位：
  全選
- 次表顯示欄位：
  員工姓名

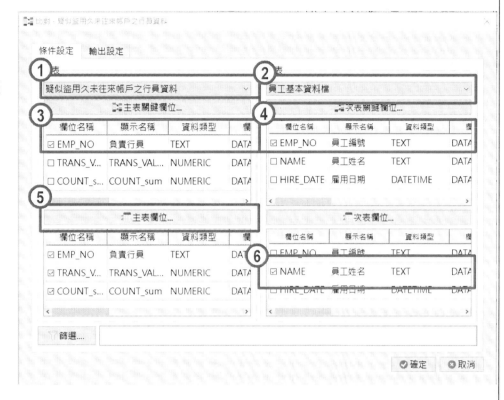

173

比對(Join)勾稽代入員工姓名

- 分析→比對
- 結果輸出：
  資料表
- 名稱：
  行員疑似盜用久
  未往來帳戶查核
  結果
- 比對類型：
  **Matched All
  Primary with
  the first
  Secondary**

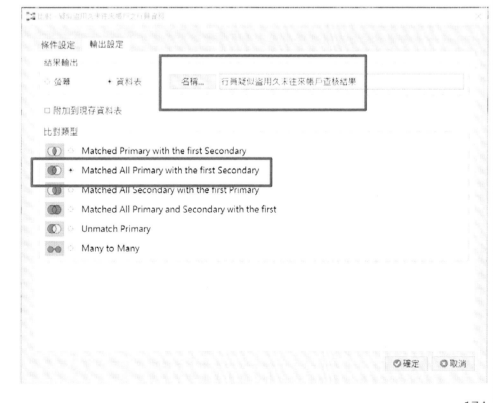

174

行員疑似挪用久未往來帳戶查核結果

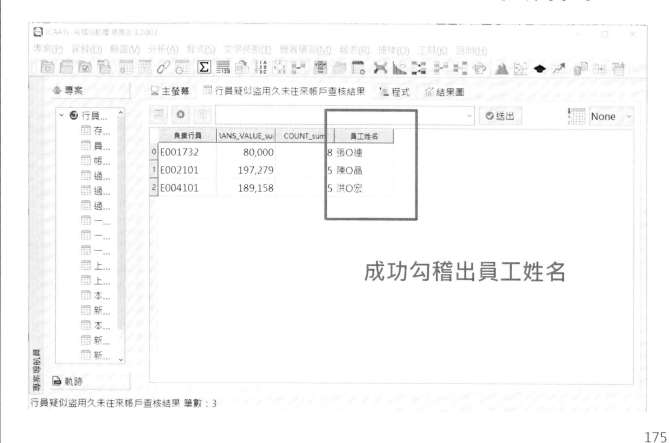

	負責行員	RANS_VALUE_sui	COUNT_sum	員工姓名
0	E001732	80,000	8	張O連
1	E002101	197,279	5	陳O晶
2	E004101	189,158	5	洪O宏

成功勾稽出員工姓名

行員疑似盜用久未往來帳戶查核結果 筆數：3

175

jacksoft | AI Audit Expert
www.jacksoft.com.tw

實例演練情境五：
行員挪用客戶帳戶
AI預測查核

Copyright © 2023 JACKSOFT.

1) K近鄰算法(KNN) 機器學習 1：
   ONEHOTENCODER+資料80/20資料分割

2) K近鄰算法(KNN) 機器學習 2：
   ONEHOTENCODER+資料50/50資料分割

3) 行員挪用客戶帳戶預測(Predict)

176

查核目標說明

利用培訓(Train)和預測(Predict)希望找出
高風險的理專與客戶往來交易

(客戶特徵,分行,理專等)
並針對預測結果機率較高案件,分析其
潛在影響之重大性,以深入查核提早找出有問題的徵兆
等。

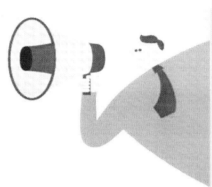

機器學習指令內建演算法:
K近鄰算法(KNN)

- KNN是一種監督式機器學習算法,全稱為K-Nearest Neighbors,中文名稱為K近鄰算法。

- **KNN通常用於分類問題**,其中每個樣本都被分配到最接近的K個樣本中最常見的類別。KNN的基本思想是**通過將新樣本與現有樣本進行比較,找到最接近的K個樣本**。然後,KNN會使用這些**最接近的鄰居來進行預測**。

*k*近鄰演算法例子:
測試樣本(綠色圓形)應歸入要麼是第一類的藍色方形或是第二類的紅色三角形。如果k=3(實線圓圈)它被分配給第二類,因為有2個三角形和只有1個正方形在內側圓圈之內。如果k=5(虛線圓圈)它被分配到第一類(3個正方形與2個三角形在外側圓圈之內)。

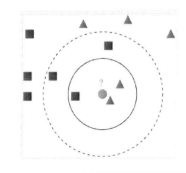

何謂機器學習KNN近鄰演算法?

資料來源:https://www.youtube.com/watch?v=B-eXI_SD7w4

行員盜用客戶帳戶AI預測查核專案

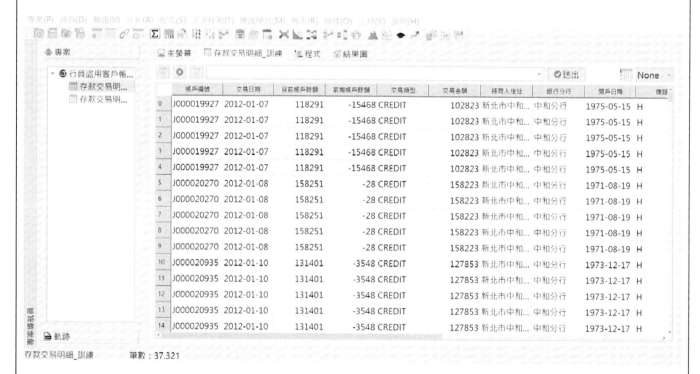

可以學習的資料筆數 37,321筆

資料欄位分類:

- 訓練目標欄位「嫌疑」，H(高)的佔樣本資料14.04%，L(低)則佔比28.91%，M(中)的佔樣本資料57.05%

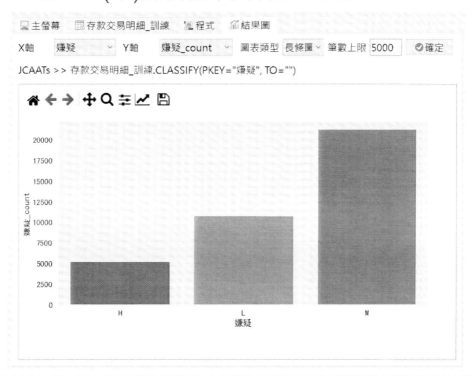

資料欄位分類:

- 訓練對象欄位:員工姓名，使用CLASSIFY分類共有35類

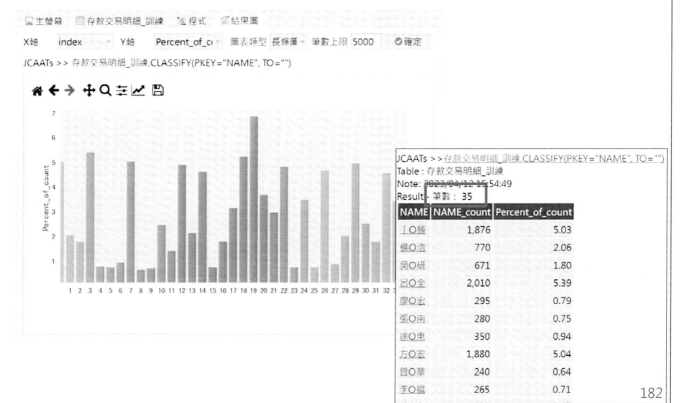

資料欄位分類:

- 訓練對象欄位:銀行分行，使用 CLASSIFY分類共有26類

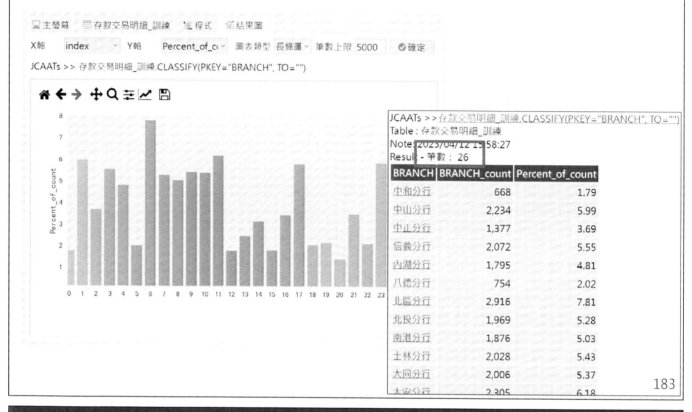

BRANCH	BRANCH_count	Percent_of_count
中和分行	668	1.79
中山分行	2,234	5.99
中正分行	1,377	3.69
信義分行	2,072	5.55
內湖分行	1,795	4.81
八德分行	754	2.02
北區分行	2,916	7.81
北投分行	1,969	5.28
南港分行	1,876	5.03
士林分行	2,028	5.43
大同分行	2,006	5.37
大安分行	2,305	6.18

183

資料欄位分類:

- 訓練對象欄位:高齡註記，Yes為90.81%，No為9.19%
- 訓練對象欄位:重大傷病註記，Yes為92.35%，No為7.65%

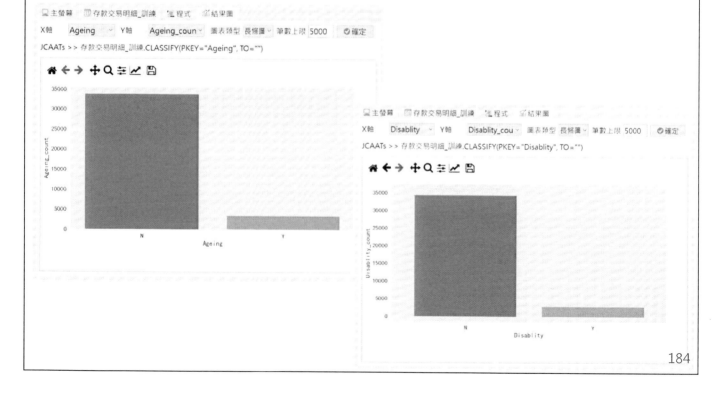

184

資料欄位分類:

- 訓練對象欄位:久未往來註記，Yes為93.79%，No為6.21%

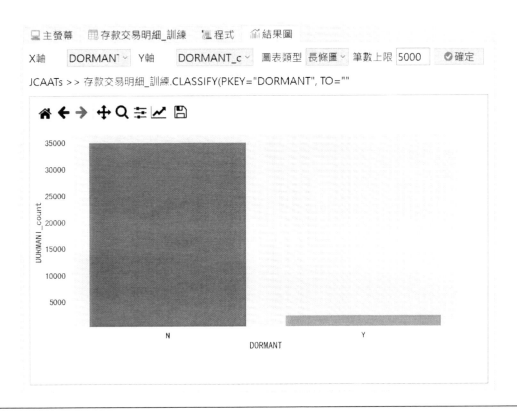

185

個案欄位機器學習前資料效度分析

- 初步分析，訓練目標「嫌疑」欄位內容分 3類，各類均有一定的資料。

- 其它特徵欄位的資料均可以適當的進行分類，且分類狀況無大小順序之分，可以當成機器學習的特徵欄位。所以應使用OneHotEncoder方式來正規化文字欄位。

- 各特徵欄位資料內容完整，並無遺漏值問題。

- 由於有些分類的資料比率差異過大，資料分割可以考慮不同組合，讓學習可以有更多元的學習機會。

186

測試幾種不同機器學習路徑找出最佳者

- 經由資料欄位初步分析，本演練將採取[用戶決策模式]的策略，以KNN近鄰演算法為機器學習模式的演算法，來進行機器學習，由於用戶流失（Churn）欄位資料有不平衡現象，因此擬定下面得學習路徑進行學習：
  1. 機器學習1： OneHotCode+80/20 資料分割
  2. 機器學習2： OneHotCode+50/50資料分割

- 機器學習後，將比較各學習路徑學習結果的評估指標，選擇較佳者來進行預測。

187

AI Audit Expert

**實例演練情境五：
演練一**

Copyright © 2023 JACKSOFT.

K近鄰算法(KNN) 機器學習 1：
ONEHOTENCODER+資料80/20
資料分割

188

情境五 演練一：機器學習K近鄰算法 (KNN)：ONEHOTENCODER+資料 80/20資料分割

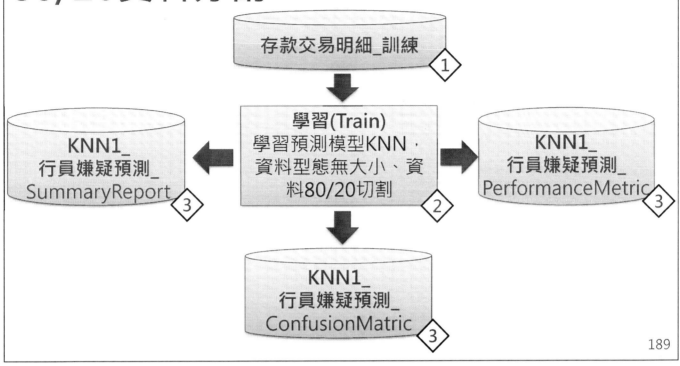

189

行員挪用客戶帳戶AI預測查核
上機演練:學習(Train)

STEP 1：
(1)開啟JCAATs 專案檔
(2)複製演練五資料表

STEP 2:
(1)開啟「存款交易明細_訓練」資料表

(2)從Meun Bar選取機器學習

(3)再選取學習(Train指令)

190

設定學習條件:

機器學習→學習→條件設定

1.點選設定訓練目標:
嫌疑
2.並將模型評估選為:
KNN
3.點選訓練對象:
1.員工姓名、
2.銀行分行、
3.高齡註記、
4.重大傷病註記、
5.久未往來註記等
成為要訓練的特徵欄位。

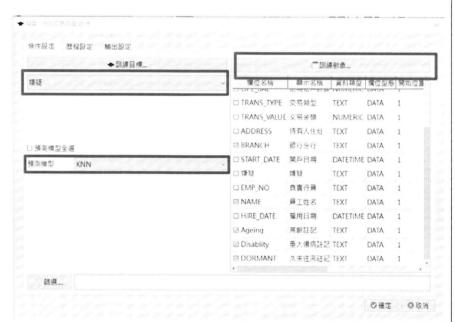

191

設定學習歷程:

機器學習→學習→歷程設定

1. 文字分類欄位處
理:
OneHotEncoder
(無大小)

2. 不平衡資料處理
勾選、輸入20%

3.資料分割策略:
80/20

192

學習結果輸出設定:

此指令僅能輸出到「模組」

1. 輸入模組名稱:
KNN1_行員嫌疑預測

2.點選**確定**。

此指令會輸出三個結果資料表:
1) 彙總報告 SummaryReport、
2) 績效指標 PerformanceMetric、
3) 混沌矩陣 ConfusionMatric、

193

學習結果成效檢視:
ConfusionMatric]混沌矩陣 ，顯示各象限筆數資料。

	H	L	M
H	922	101	14
L	201	1949	0
M	0	160	4118

總共有7465筆 = 37,321*0.2

KNN_行員嫌疑預測_ConfusionMatrix 筆數：3

194

學習結果成效檢視:
ConfusionMatric]混沌矩陣結果圖

■ 從混沌矩陣資料表及結果圖可看出本次學習結果:

- 預測與實際結果相同的有 6,989筆 (922+1949+4118)
- 而預測結果與實際結果不相同的有476筆 (101+14+0+201+0+160)
- 總共有7465筆 (922+1949+4118+101+14+0+201+0+160)

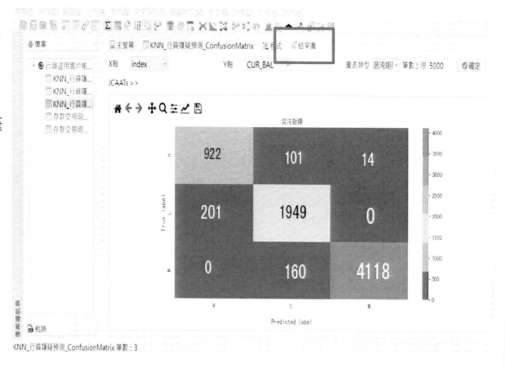

195

學習結果成效檢視:
二張結果表PerformanceMetric]績效指標。

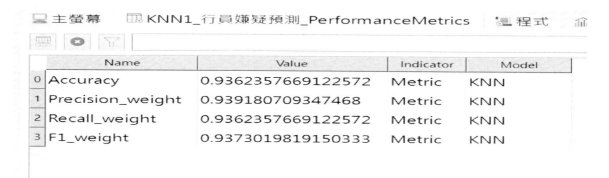

	Name	Value	Indicator	Model
0	Accuracy	0.9362357669122572	Metric	KNN
1	Precision_weight	0.939180709347468	Metric	KNN
2	Recall_weight	0.9362357669122572	Metric	KNN
3	F1_weight	0.9373019819150333	Metric	KNN

相關評估指標都高於0.936 以上，表示此學習效果良好。

196

學習結果成效檢視：
SummaryReport]彙總報告。

index	precision	recall	f1-score	support	model
H	0.8210151380231523	0.8891031822565092	0.8537037037037037	1037.0	KNN
L	0.8819004524886878	0.9065116279069767	0.8940366972477064	2150.0	KNN
M	0.9966118102613747	0.9625993454885461	0.9793103448275863	4278.0	KNN
accuracy	0.9362357669122572	0.9362357669122572	0.9362357669122572	0.9362357669122572	KNN
macro avg	0.899842466924405	0.9194047185506773	0.9090169152596655	7465.0	KNN
weighted avg	0.939180709347468	0.9362357669122572	0.9373019819150333	7465.0	KNN

- 機器學習須分類資料字母順序排列，系統優化後顯示對應的預測結果，增加資料表的可讀性
- 各分類學習的績效指標均高達0.82以上，表示有不錯的學習。

197

jacksoft | AI Audit Expert
www.jacksoft.com.tw

實例演練情境五：
演練二

Copyright © 2023 JACKSOFT.

K近鄰算法(KNN) 機器學習 2:
ONEHOTENCODER+資料50/50
資料分割

198

情境五 演練二：機器學習K近鄰算法 (KNN)：ONEHOTENCODER+資料 50/50資料分割

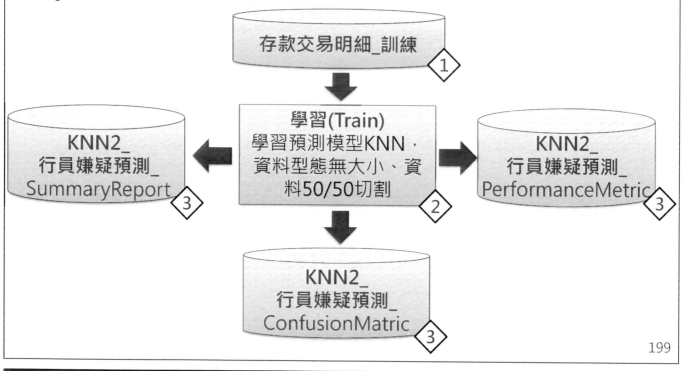

設定學習條件:

機器學習→學習→條件設定

1.點選設定訓練目標: 嫌疑

2.並將模型評估選為: KNN

3.點選訓練對象:

1.員工姓名、

2.銀行分行、

3.高齡註記、

4.重大傷病註記、

5.久未往來註記等

成為要訓練的特徵欄位。

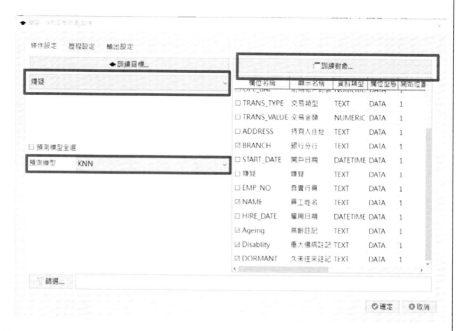

設定學習歷程:

機器學習→學習→歷程設定

1. 文字分類欄位處理：
OneHotEncoder
(無大小)

2. 不平衡資料處理
勾選、輸入20%

3.資料分割策略：
50/50

學習結果輸出設定:

此指令僅能輸出到「模組」

1. 輸入模組名稱:
KNN2_行員嫌疑預測

2.點選確定。

此指令會輸出三個結果資
料表：
1) 彙總報告
   SummaryReport、
2) 績效指標
   PerformanceMetric、
3) 混沌矩陣
   ConfusionMatric、

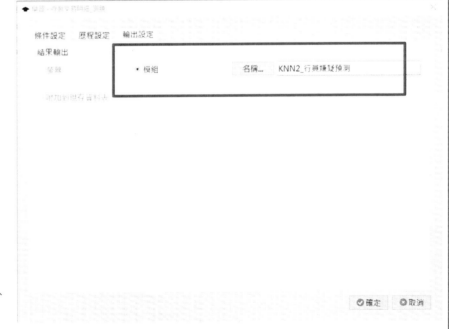

學習結果成效檢視:
ConfusionMatric]混沌矩陣 ，顯示各象限筆數資料。

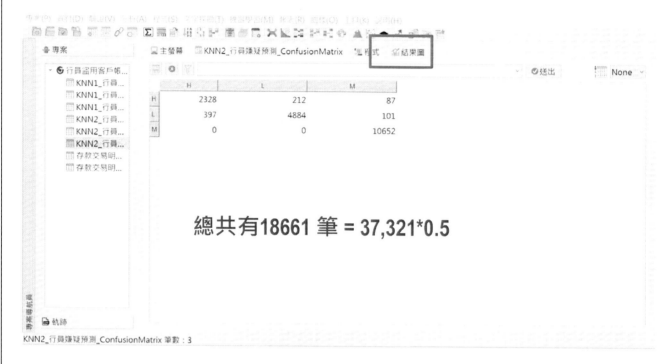

總共有18661 筆 = 37,321*0.5

KNN2_行員嫌疑預測_ConfusionMatrix 筆數：3

203

學習結果成效檢視:
ConfusionMatric]混沌矩陣結果圖

■ 從混沌矩陣資料表及結果圖可看出本次學習結果:

- 預測與實際結果相同的有 17864筆 (2328+4884+10652)
- 而預測結果與實際結果不相同的有 797筆 (212+87+101+397+0 +0)
- 總共有18661筆 (2328+4884+10652+ 212+87+101+397+0+0)

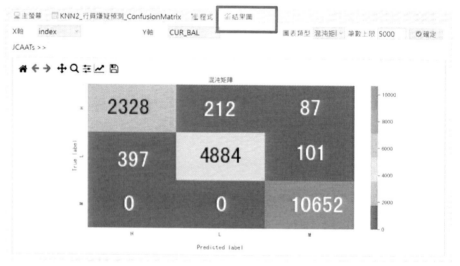

204

學習結果成效檢視：
PerformanceMetric]績效指標

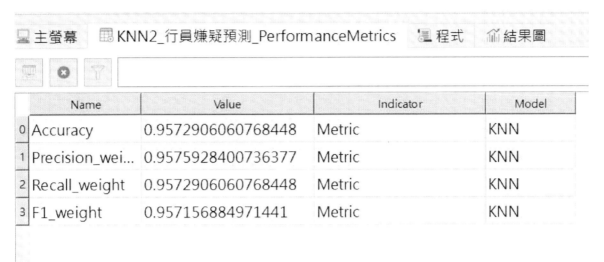

	Name	Value	Indicator	Model
0	Accuracy	0.9572906060768448	Metric	KNN
1	Precision_wei...	0.9575928400736377	Metric	KNN
2	Recall_weight	0.9572906060768448	Metric	KNN
3	F1_weight	0.957156884971441	Metric	KNN

相關評估指標都高於0.957 以上，表示此學習效果良好。

205

學習結果成效檢視：
SummaryReport]彙總報告。

index	precision	recall	f1-score	support	model
0 H	0.8543119266055046	0.8861819566044918	0.8699551569506726	2627.0	KNN
1 L	0.9583987441130298	0.907469342251951	0.9322389769039893	5382.0	KNN
2 M	0.9826568265682657	1.0	0.991252559091755	10652.0	KNN
3 accuracy	0.9572906060768448	0.9572906060768448	0.9572906060768448	0.9572906060768448	KNN
4 macro avg	0.9317891657622668	0.9312170996188143	0.9311488976488057	18661.0	KNN
5 weighted avg	0.9575928400736377	0.9572906060768448	0.957156884971441	18661.0	KNN

- 機器學習須分類資料字母順序排列，系統優化後顯示對應的預 測結果，增加資料表的可讀性
- 各分類學習的績效指標均高達0.85以上，表示有不錯的學習。

206

KNN不同學習路徑比較

評估指標	HotEncoder+80/20	HotEncoder+50/50
Accuracy	0.936	0.957
Precision	0.939	0.957
Recall	0.936	0.957
F1	0.937	0.957
0	0.821	0.854
1	0.881	0.958
2	0.996	0.982
Macro Avg	0.899	0.931
Weighted Avg	0.939	0.957
驗證筆數	7465	18661

- 由上表可知「 HotEncoder+50/50 」為較佳的學習路徑

---

jacksoft | **AI Audit Expert**

實例演練情境五：
演練三

行員挪用客戶帳戶預測(Predict)

情境五 演練三：行員挪用客戶帳戶預測

```
存款交易明細      →    預測(Predict)       →    行員盜用預測結
_預測  ①             預測學習模組KNN2_行員        果  ③
                    嫌疑預測  ②
```

```
分類(CLASSIFIY)                    ←
分類Predict_嫌疑，並選
擇高風險查看明細  ④
     ↓
```

```
萃取(EXTRACT)      →    分類(CLASSIFIY)      →    行員盜用預測_
行員盜用_             依照姓名進行分類  ⑥          行員Classify  ⑦
高風險抽查名單  ⑤
```

209

行員挪用客戶帳戶預測:預測(Predict)

STEP 1：
開啟JCAATs 專
案檔
STEP 2:
(1)開啟「存款
交易明細_預測」
資料表
(2)從Meun Bar
選取機器學習
(3)再選取預測
(Predict)

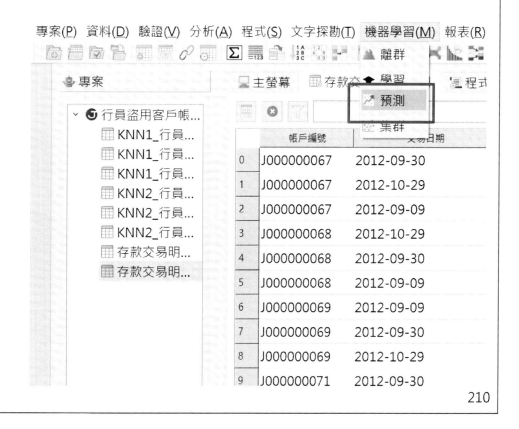

210

預測(Predit)指令條件設定:

機器學習→預測
1.預測模型檔:
選取具有*.jkm副檔名的檔案
KNN2_行員嫌疑預測.jkm
知識模型。
2.顯示欄位:
全選

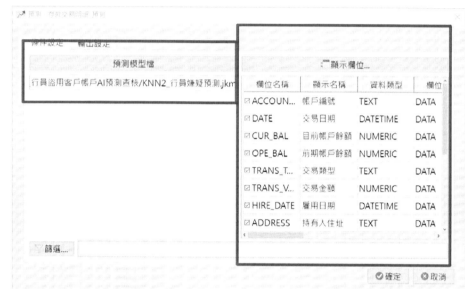

211

預測(Predit)輸出設定

預測→輸出設定
1.結果輸出:
資料表
2.輸入資料表名稱:
行員盜用預測結果
3.點選**確定**,
JCAATs會自動執行預測。

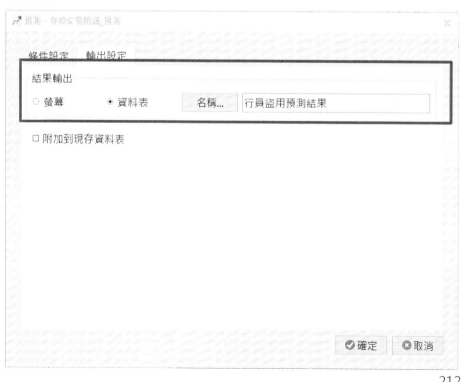

212

預測(Predit)結果檢視

開啟「行員盜用預測結果」資料表，此時在 表格上會新增有 Predict_嫌疑 (預測值) 和 Probability (可能性)二欄位。

預測(Predit)結果檢視:Classify(分類)

分析→分類
1.分類:
Predict_嫌疑
2. 點選**確定**，輸出至螢幕察看結果
3.點選分類 "H"，查看高風險的明細

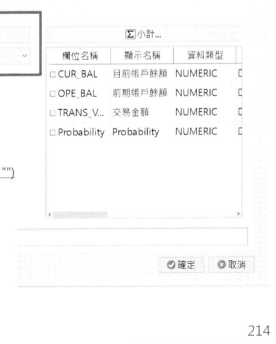

JCAATs >>行員盜用預測結果.CLASSIFY(PKEY="Predict_嫌疑", TO="")
Table : 行員盜用預測結果
Note: 2023/07/04 10:15:55
Result - 筆數：3

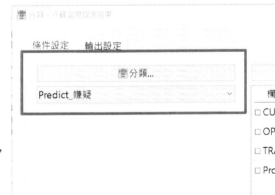

Predict_嫌疑	Predict_嫌疑_count	Percent_of_count
H	17	4.31
L	89	22.59
M	288	73.10

預測(Predit)結果檢視:
點選分類結果觀看高風險資料明細

17筆嫌疑資料

報表萃取:將高風險明細萃取Extract
作為高風險需要深入查核名單,以利進行事前預防
查核!

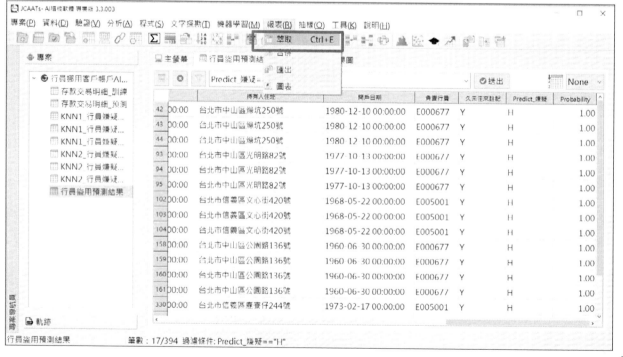

萃取結果檢視

報表→萃取
1.萃取:
全選

萃取→輸出設定
2. 輸出至資料表
名稱:
行員盜用_高風險
抽查名單
3.點選確定

217

分類深入分析:
可依據行員再進行分類，預測結果高風險需深入追查名單

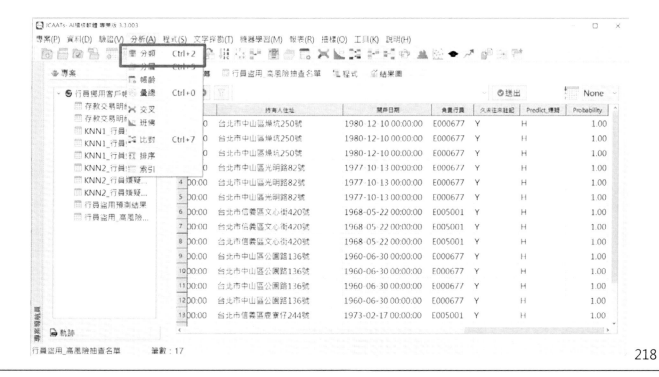

218

分類結果檢視

分析→分類
1.分類:
姓名
2.小計:
交易金額
3.輸出至資料表
名稱:
行員盜用預測_行員Classify
4.點選**確定**

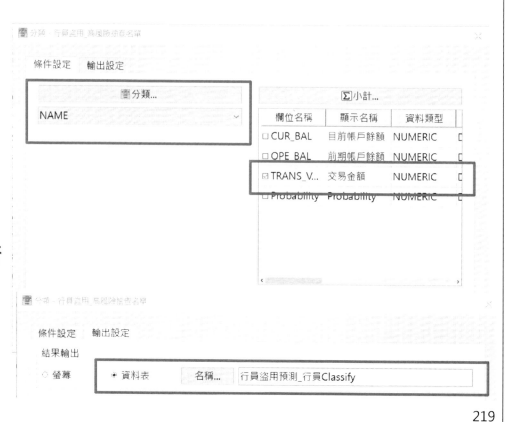

219

預測性分析結果:風險基礎稽核實踐

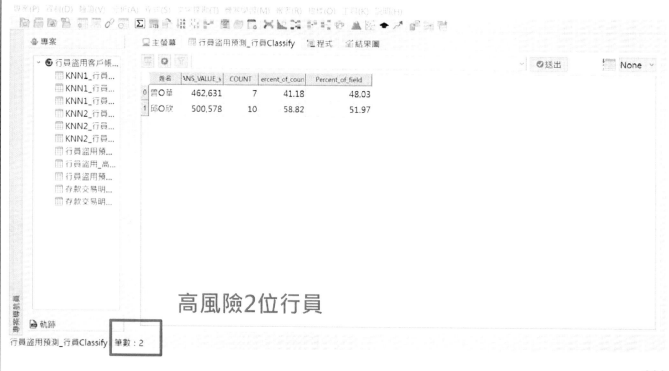

高風險2位行員

220

JCAATs 機器學習功能的特色:

1. 不須外掛程式即可直接進行機器學習
2. **提供SMOTE功能**來處理不平衡的數據問題，這類的問題在審計的資料分析常會發生。
3. 提供使用者在選擇機器學習算法時可自行依需求採用兩種不同選項：**用戶決策模式**(自行選擇預測模型)或**系統決策模式**(將預測模式全選)，讓機器學習更有彈性。
4. JCAATs使用戶**能夠自行定義其機器學習歷程**。
5. 提供有商業資料機器學習較常使用的方法，如**決策樹(Decision Tree)**與**近鄰法(KNN)**等。
6. 可進行**二元分類**和**多元分類**機器學習任務。
7. 提供**混淆矩陣圖和表格**，使他們能夠獲得有價值的機器學習算法，表現洞見。
8. 在執行訓練後提供**三個性能報告**，使用戶能夠更輕鬆地分析與解釋訓練結果。
9. 機器學習的速度更快速。
10. 在集群(CLUSTER)學習後，提供一個圖形，使用戶能夠可視化數據聚類。

221

機器學習常犯隱形錯誤

- 資料收集與處理不當(未清理的數據)
- 未對特徵欄位進行分類分析
- 訓練集與測試集的類別分佈不對稱
- 誤用Label Encoder為特徵編碼
- 僅使用測試集評估模型好壞
- 在沒有交叉驗證的情況下評估模型性能
- 分類問題僅使用準確率為衡量模型指標
- 人工智慧炒作

222

JCAATs 內建機器學習協助 稽核解決常見問題

無須外掛機器學習演算法
直覺與簡單

多種機器學習算法

同時提供用戶決策
或系統決策模式

用戶可自行設定
學習路線

SOMTE機制解決
不對稱資料問題

JCAATs

操作簡單與直接

多元分類能力

視覺化混淆矩陣

多種評估報告

白箱式作業學習
結果具備解釋力，
預測結果容易溝
通

223

JBOT-Banking

銀行業 AI稽核機器人

個資
保護

洗錢
防制

數位
金融

存款
業務

資訊
安全

授信
業務

法令
遵循

財富
管理

外匯
業務

出納
會計

224

JCAATs智能稽核+JTK持續性管理平台

開發稽核自動化元件　　　經濟部發明專利第I380230號　　　稽核結果E-mail 通知

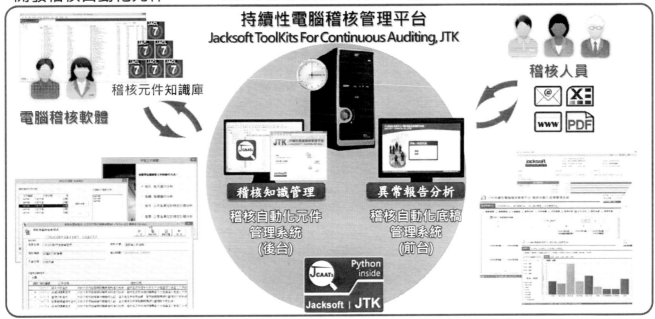

稽核自動化元件管理　　　　　　　　　稽核自動化底稿管理與分享

■稽核自動化：電腦稽核主機
一天24小時一周七天的為我們工作。　**JTK** | Jacksoft ToolKits For Continuous Auditing
The continuous auditing platform

如何建立JCAATs專案持續稽核

> ## 持續性稽核專案進行六步驟：

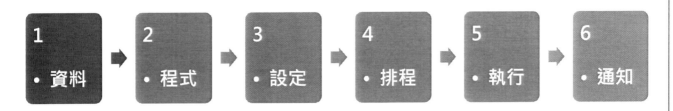

1	2	3	4	5	6
• 資料	• 程式	• 設定	• 排程	• 執行	• 通知

▲稽核自動化：

電腦稽核主機 - 一天可以工作24 小時

JACKSOFT的JBOT
行員挪用客戶資金預測查核機器人範例

安裝

行員挪用客戶
資金預測查核
機器人.exe

227

電腦稽核軟體應用學習Road Map

資安科技

國際網際網路稽核師

國際資料庫電腦稽核師

永續發展

ICEA國際ESG稽核師

稽核法遵

國際ERP電腦稽核師

國際鑑識會計稽核師

國際電腦稽核軟體應用師

228

專業級證照- ICCP

國際電腦稽核軟體應用師(專業級)
International Certified CAATs Practitioner

CAATs
-Computer-Assisted Audit Technique
強調在電腦稽核輔助工具使用的職能建立

職能	說明
目的	證明稽核人員有使用電腦稽核軟體工具的專業能力。
學科	電腦審計、個人電腦應用
術科	CAATs 工具

229

歡迎加入 法遵科技 Line 群組
~免費取得更多電腦稽核應用學習資訊~

法遵科技知識群組

有任何問題，歡迎洽詢 JACKSOFT
將會有專人為您服務
官方Line：@709hvurz

「法遵科技」與「電腦稽核」專家

傑克商業自動化股份有限公司　台北市大同區長安西路180號3F之2(基泰商業大樓) 知識網:www.acl.com.tw
TEL:(02)2555-7886　FAX:(02)2555-5426　E-mail:acl@jacksoft.com.tw

JACKSOFT為經濟部能量登錄電腦稽核與GRC(治理、風險管理與法規遵循)專業輔導機構．服務品質有保障

參 考 文 獻

1. 黃秀鳳，2023，JCAATs 資料分析與智能稽核，ISBN9789869895996

2. 黃士銘，2015，ACL 資料分析與電腦稽核教戰手冊(第四版)，全華圖書股份有限公司出版，ISBN 9789572196809.

3. 黃士銘、嚴紀中、阮金聲等著(2013)，電腦稽核－理論與實務應用(第二版)，全華科技圖書股份有限公司出版。

4. 黃士銘、黃秀鳳、周玲儀，2013，海量資料時代，稽核資料倉儲建立與應用新挑戰，會計研究月刊，第 337 期，124-129 頁。

5. 黃士銘、周玲儀、黃秀鳳，2013，"稽核自動化的發展趨勢"，會計研究月刊，第 326 期。

6. 黃秀鳳，2011，JOIN 資料比對分析-查核未授權之假交易分析活動報導，稽核自動化第 013 期，ISSN:2075-0315。

7. 2023，Yahoo 新聞，"中信銀 3 分行行員涉勾結詐騙集團 金管會重罰 2 千萬要求究責"
https://tw.news.yahoo.com/%E4%B8%AD%E4%BF%A1%E9%8A%803%E5%88%86%E8%A1%8C%E8%A1%8C%E5%93%A1%E6%B6%89%E5%8B%BE%E7%B5%90%E8%A9%90%E9%A8%99%E9%9B%86%E5%9C%98-%E9%87%91%E7%AE%A1%E6%9C%83%E9%87%8D%E7%BD%B02%E5%8D%83%E8%90%AC%E8%A6%81%E6%B1%82%E7%A9%B6%E8%B2%AC-115631100.html

8. 2022，TVBS 新聞，"台銀理專盜客戶千萬 女友.前妻幫藏錢"
https://www.youtube.com/watch?v=gFMQCW2qXvU

9. 2022，中央通訊社，"台銀理專搬走 9 客戶 8447 萬 逾半受害者是銀髮族"
https://www.cna.com.tw/news/afe/202207260345.aspx

10. 2022，工商時報，"理專 A 錢 金管會擬究責高層"
https://www.chinatimes.com/newspapers/20220321000126-260205?chdtv

11. 2021，"機器學習實作｜超簡單而實用的機器學習模型，1 分鐘用 Excel 攪定！"
https://www.youtube.com/watch?v=B-eXI_SD7w4

12. 2021，中華民國銀行商業同業公會全國聯合會，"全富字第 1101000646 號函發布"
https://www.ba.org.tw/PublicInformation/Detail/3981?enumtype=ImportantnormType&type=20cc8899-93af-48c5-a78d-d6c8f6436e63&AspxAutoDetectCookieSupport=1

13. 2019，新聞大白話，"10 家銀行理專爆發 A 錢案 異常資金超過 3 億六千萬"
https://www.youtube.com/watch?v=CKHEIoQcNZw

14. 2019，金融監督管理委員會 銀行局，"銀行防範理專挪用客戶款項內控作業原則"
https://law.banking.gov.tw/Chi/NewsContent.aspx?msgid=2446

15. 2017，"銀行防制洗錢及打擊資恐注意事項範本附錄"
https://www.mjib.gov.tw/userfiles/files/35-
%E6%B4%97%E9%8C%A2%E9%98%B2%E5%88%B6%E8%99%95/files/%E8%87%AA%
E5%BE%8B%E8%A6%8F%E7%AF%84/02-02-01a.pdf

16. 2016，植根法律網，"中華民國銀行公會金融機構開戶作業審核程序暨異常帳戶風險控
管之作業 範本"
https://www.rootlaw.com.tw/LawArticle.aspx?LawID=A040390041043800-1050219

17. 2014，金融監督管理委員會，"存款帳戶及其疑似不法或顯屬異常交易管理辦法"
https://www.fsc.gov.tw/ch/home.jsp?id=128&parentpath=0,3&mcustomize=lawnew_view.jsp
&dataserno=201408200001&toolsflag=Y&dtable=NewsLaw

18. 2012，中華民國銀行商業同業公會全國聯合會。"各銀行轉入禁止戶門檻概況"
https://www.ba.org.tw/Publicinformation/Index

19. 法務部調查局洗錢防制處國內法規，2017， "疑似洗錢或資恐交易態樣"
https://www.mjib.gov.tw/EditPage/?PageID=076d8266-a060-4888-8d67-c8f9ed514a3b

作者簡介

黃秀鳳 Sherry

現　　任

傑克商業自動化股份有限公司 總經理

ICAEA 國際電腦稽核教育協會 台灣分會 會長

台灣研發經理管理人協會 秘書長

專業認證

國際 ERP 電腦稽核師(CEAP)

國際鑑識會計稽核師(CFAP)

國際內部稽核師(CIA) 全國第三名

中華民國內部稽核師

國際內控自評師(CCSA)

ISO 14067:2018 碳足跡標準主導稽核員

ISO27001 資訊安全主導稽核員

ICEAE 國際電腦稽核教育協會認證講師

ACL Certified Trainer

ACL 稽核分析師(ACDA)

學　　歷

大同大學事業經營研究所碩士

主要經歷

超過 500 家企業電腦稽核或資訊專案導入經驗

中華民國內部稽核協會常務理事/專業發展委員會 主任委員

傑克公司 副總經理/專案經理

耐斯集團子公司 會計處長

光寶集團子公司 稽核副理

安侯建業會計師事務所 高等審計員

國家圖書館出版品預行編目(CIP)資料

金融 AI 稽核 ： 行員挪用客戶帳戶資金預測查核 /
黃秀鳳作. -- 1 版. -- 臺北市：傑克商業自動
化股份有限公司, 2023.09
　　面 ；　　公分. -- （國際電腦稽核教育協會認
證教材）(AI 智能稽核實務個案演練系列)
　　ISBN 978-626-97151-6-9(平裝附資料練習檔)

　　1.CST：稽核 2.CST：管理資訊系統 3.CST：人
工智慧

494.28   112015522

金融 AI 稽核-行員挪用客戶帳戶資金預測查核

作者 / 黃秀鳳

發行人 / 黃秀鳳

出版機關 / 傑克商業自動化股份有限公司

地址 / 台北市大同區長安西路 180 號 3 樓之 2

電話 / (02)2555-7886

網址 / www.jacksoft.com.tw

出版年月 / 2023 年 09 月

版次 / 1 版

ISBN / 978-626-97151-6-9